第一次全国自然灾害综合风险普查培训教材

调 查 总 论

国务院第一次全国自然灾害综合风险普查领导小组办公室　编著

应急管理出版社

·北　京·

内 容 提 要

　　本书主要介绍了国务院第一次全国自然灾害综合风险普查中各行业部门以及国务院普查办的组织实施模式、步骤及方法，调查成果质量控制的内容、流程，并梳理了应急管理系统清查、调查、质控方面的常见问题。

　　本书主要为中央及地方开展第一次全国自然灾害综合风险普查的相关人员提供支撑和参考。

《第一次全国自然灾害综合风险普查培训教材》
编　委　会

主　　任　　郑国光

副 主 任　　殷本杰　　陈　胜　　邢朝虹　　王士杰　　魏振宽
　　　　　　袁　艺　　李志雄　　张学权　　史培军　　汪　明

委　　员　　熊自力　　陈　陟　　齐燕红　　陈国义　　周荣峰
　　　　　　柳　鹏　　万海斌　　赵志强　　陈雪峰　　高亦飞
　　　　　　周洪建　　赵　飞　　廖永丰　　王志强

主　　编　　汪　明

编　　委　（以姓氏笔画为序）
　　　　　　王　瑛　　王　曦　　王圣伟　　王翠坤　　方伟华
　　　　　　史铁花　　朱立新　　刘　凯　　刘　强　　齐庆杰
　　　　　　许　静　　许映军　　李全明　　杨　峰　　杨雪清
　　　　　　杨赛霓　　吴吉东　　吴新燕　　张　化　　张　巍
　　　　　　张云霞　　房　浩　　夏旺民　　徐　伟　　徐　娜
　　　　　　陶　军　　陶荣幸　　商　辉　　巢清尘　　潘　蓉
　　　　　　潘东华　　戴君武

本书编写组

主　　编	赵　飞　王　曦
副 主 编	费　伟　汪　明　孙鑫喆
编写人员	邓　燕　常　乐　潘东华　房　浩　孙东亚
	王国复　杨雪清　史铁花　王圣伟　杨　峰
	苏　航　徐　伟　张　化　刘文岗　张　红
	马大庆

序 一

我国是世界上自然灾害最为严重的国家之一，灾害种类多、分布地域广、发生频率高、造成损失重，这是一个基本国情。党中央、国务院历来高度重视自然灾害防治工作，2018年10月10日，习近平总书记主持召开中央财经委员会第三次会议，专题研究提高自然灾害防治能力，强调要开展全国自然灾害综合风险普查。按照党中央、国务院决策部署，国务院办公厅印发通知，定于2020年至2022年开展第一次全国自然灾害综合风险普查，成立了由国务院领导同志任组长的普查工作领导小组，县级以上地方各级人民政府设立相应的普查领导小组及其办公室，按照"全国统一领导、部门分工协作、地方分级负责、各方共同参与"的原则组织实施。

全国自然灾害综合风险普查遵循"调查-评估-区划"的基本框架开展，调查是基础、评估是重点、区划是关键。普查涉及范围广、参与部门多、协同任务重、工作难度大，第一次开展地震灾害、地质灾害、气象灾害、水旱灾害、海洋灾害、森林和草原火灾六大类自然灾害风险要素调查、风险评估和区划的全链条普查；第一次实现致灾部门数据和承灾体部门数据有机融合，推动部门数据共享共用，助力灾害风险管理；第一次在统一的评估区划技术体系下开展工作，形成较为完整的自然灾害综合风险评估与区划技术体系。

"工欲善其事，必先利其器。"此次普查工作是中华人民共和国成立后首次开展的自然灾害综合风险普查，没有现成模式可套、没有现成经验可循、没有现成路子可走，普查的过程本身就是一个探索创新、积累经验、推动工作的过程。本次普查涉及主体多，国家、省、市、县、乡、村都有普查队伍，各地基础不同，但技术规范和工作目标一致。在这样的情况下，一套专业、权威的教材尤为重要，它不仅仅是普查海量知识呈现的载体，同时也是普查工作者的实操指南。每一本教材都是创新的成果，都凝结着教材编著人员的辛勤汗水，承载着广大普查工作者的期盼。这套教材的编著者均为不同部门、不同领域的专家，同时也是本次普查工作的设计者、推动者和实践者，他们以高度的政治责任感和使命感，以及科学严谨的工作作风，为普查工作倾注了大量心血、汗水和智慧。我谨向他们表示崇高的敬意和衷心的感谢！

这套教材有统有分，注重理论知识与实践操作的紧密结合，突出了科学性、专业性和实用性。希望广大普查工作者能在其中汲取知识，学有所思、学有所获，也希望各级普查办和行业单位能在普查培训中用好这套教材。

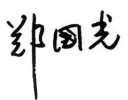

国务院第一次全国自然灾害综合风险普查

领导小组办公室主任

二〇二一年十二月

序 二

为全面掌握我国自然灾害风险隐患情况，提升全社会抵御自然灾害的综合防范能力，经国务院同意，定于 2020 年至 2022 年开展第一次全国自然灾害综合风险普查工作。全国自然灾害综合风险普查是一项重大的国情国力调查，是提升自然灾害防治能力的基础性工作。通过开展普查，摸清全国自然灾害风险隐患底数，查明重点地区抗灾能力，客观认识全国和各地区自然灾害综合风险水平，为中央和地方各级人民政府有效开展自然灾害防治工作、切实保障经济社会可持续发展提供权威的灾害风险信息和科学决策依据。

第一次全国自然灾害综合风险普查是多灾种、系统性和综合性的普查，涉及范围广、参与部门多、协同任务重、工作难度大。对普查工作人员开展广泛的业务培训，建设一支素质高、业务精的普查工作队伍，是保障本次普查工作质量的前提和基础。为提高培训效果，规范普查数据采集、评估与区划工作，确保普查数据和成果质量，国务院第一次全国自然灾害综合风险普查领导小组办公室（简称国务院普查办）精心策划，组织自然灾害风险相关领域专家，围绕《第一次全国自然灾害综合风险普查实施方案（修订版）》，通力合作，编写完成了系列培训教材。本套培训教材体系完整、内容全面，既独立成册又相互补充，形成了较为完整的自然灾害综合风险普查培训教材体系。

　　参与这次自然灾害综合风险普查培训教材编写工作的人员多，既有应急、地震、自然资源（地质灾害、海洋灾害）、水利、气象、林草、住建、交通等部门的工作人员、技术支撑单位专家，又有相关高校和科研院所的专家学者，还有参与普查试点工作的普查人员。他们需要详细研究吃透实施方案，又要收集整理资料、补充案例；既要体现专业水准，又要满足通俗易懂的需求，为此付出了大量辛勤劳动。教材凝聚了所有编写人员的心血和智慧。在此，谨向所有参编人员表示由衷的敬意和诚挚的感谢！

　　本套培训教材在编写过程中，始终贯彻以下宗旨。一是通俗易懂，操作性强。以服务普查员为根本目的，突出实用性。教材以好学、易懂、操作性强为原则，简明扼要、浅显易懂地阐述普查内容、技术和方法，避免学术化和理论化表述。二是图文并茂、例证丰富。教材针对普查内容专业性较强的特点，将普查内容、流程、步骤利用图表和文字清晰表达出来，对于一些难点问题教材中引用了实例进行阐释。三是标准统一、特色鲜明。各教材在章节结构、格式体例、出版风格上标准统一，内容又各具特色、完整准确。

　　本套培训教材在编写完成后，按照国务院普查办安排部署，经主持编写单位专家审核后，由国务院普查办技术组组织全体专家审查，再由国务院普查办主任办公会审定，做到了层层把关，确保了教材培训的质量。

　　本套培训教材是自然灾害综合风险普查培训的权威工具书，是各级普查人员的重要参考材料，是社会公众了解自然灾害综合风险普查的窗口。希望广大的自然灾害综合风险普查工作人员用好本套培训教材，准确地把握普查的内容和要求。

自然灾害综合风险普查培训教材是第一次编写，教材中的一些不足之处，需在普查实施过程中不断修改和完善。书中疏漏和不妥之处，敬请读者批评指正。

国务院第一次全国自然灾害综合风险普查领导小组办公室技术组组长

应急管理部—教育部　减灾与应急管理研究院副院长

北京师范大学地理科学学部教授

二〇二一年十一月

前　　言

全国自然灾害综合风险普查调查工作聚焦于自然灾害风险的基本要素底数调查，包括自然灾害致灾因子调查、主要承灾体调查、减灾能力调查、历史灾害调查、重点隐患调查等。调查是全国自然灾害综合风险普查中的首要和重要环节。摸清全国自然灾害风险隐患底数，查明重点区域减灾能力，客观认识全国和各地区自然灾害综合风险水平，为中央和地方各级政府有效开展自然灾害防治工作、切实保障经济社会可持续发展提供权威的自然灾害风险信息和科学决策依据。

本书系统介绍了国务院第一次全国自然灾害综合风险普查中各行业部门以及国务院普查办的组织实施模式、步骤及方法，调查成果质量控制的内容、流程，并梳理了应急管理系统清查、调查、质控方面的常见问题。本书内容主要依据地震、自然资源、气象、水利、海洋、林草、住建、应急、交通运输、生态环境等行业部门编制的48项调查类技术规范以及11项质检方案编写。

本书各章作者依次为：第一章赵飞、王曦、邓燕、常乐、潘东华，第二章费伟、赵飞、房浩、孙东亚、王国复、杨雪清，第三章孙鑫喆、王曦、史铁花、王圣伟、杨峰、苏航，第四章邓燕、徐伟、张化、刘文岗、张红、马大庆。赵飞、王曦负责全书的组织编写与审定工作。

在编写本书的过程中，得到了国务院普查办公室领导和技术组专家的大力支持，在此表示诚挚的感谢！本书编写过程中，还得到了地震、自然资源、气象、水利、海洋、林草、住建、应急、交通运输、生态环境等行业部门相关专家，以及各省级普查办相关领导和专家的支持和帮助，对此表示衷心的感谢！对本书编写过程中，提出中肯建议和宝贵意见的其他领导和专家表示衷心感谢！

书中存在不妥之处，欢迎广大读者批评指正。

本书编写组

2022 年 2 月

目　　次

第一章　调查概况

2018 年 10 月 10 日，习近平总书记主持召开中央财经委员会第三次会议，研究提高自然灾害防治能力问题，强调加强自然灾害防治关系国计民生，要建立高效科学的自然灾害防治体系，提高全社会自然灾害防治能力，为保护人民群众生命财产安全和国家安全提供有力保障。针对关键领域和薄弱环节，明确提出要实施灾害风险调查和重点隐患排查工程，掌握风险隐患底数，将其作为自然灾害防治九项工程之首。第一次全国自然灾害综合风险普查作为灾害风险调查和隐患排查工程中的重要内容，对于我国灾害管理工作具有重要意义。

第一节　调查总体目标

长期以来，我国历史灾害信息不全面、空间分布模糊，承灾体空间分布及属性数据库缺乏，自然灾害风险隐患调查和监测欠缺，各级政府减灾抗灾能力不明，致灾因子信息相对分散，这些都是制约我国自然灾害防治体系和防治能力现代化推进的不利因素。在以往的自然灾害防治和风险防范工作中，一些问题较为突出，例如，重救灾，轻防灾；重单一灾害管理，轻综合灾害管理；重灾后减少损失，轻灾前防范化解风险。《中共中央　国务院关于推进防灾减灾救灾体制机制改革的意见》明确了"两个坚持"和"三个转变"。要真正落实防灾减灾救灾体制机制改革的精神，需要科学把握自然灾害孕育与发生的规律，发展与演变的规律和致灾与成害的规律，才有可能将防灾减灾关口前移，做到坚持以防为主、防抗救相结合；需要科学认识风险底数，掌握灾害隐患，才有可能做到坚持常态减灾和非常态救灾相统一，将减轻灾害风险的思路贯穿防灾减灾救灾的全过程。第一次全国自然灾害综合风险普查正是解决这些问题的关键举措。

通过组织开展第一次全国自然灾害综合风险普查，摸清全国自然灾害综合风险隐患底数，查明重点区域减灾能力，客观认识全国和各地区自然灾害综合风险水平，为中央和地方各级政府有效开展自然灾害防治和应急管理工作、切实保障经济社会可持续发展提供权威的自然灾害风险信息和科学决策依据。

此次全国自然灾害综合风险普查的调查、评估和区划工作是一个呈链条状的有机整体。其中，调查是指对自然灾害综合风险各要素的调查，包括各灾种致灾因子调查、承灾体调查、历史灾害调查、减灾资源（能力）调查和隐患调查五个方面，调查成果构成了普查的数据基础。评估、区划工作是在调查数据的基础上开展的，例如，基于致灾因子调查成果开展危险性评估，基于承灾体调查成果开展脆弱性评估、暴露度评估，基于减灾能力调查成果开展减灾能力评估，基于隐患调查成果开展重点隐患评估。因此，只有先期完成这些风险要素的调查工作，才能顺利进入评估、区划环节。除了用于评估、区划工作外，此次调查获取的各类数据成果将直接为各地区、各部门的灾害风险管理工作提供有力支撑，为经济社会发展提供重要保障。

第二节　调查主要内容

全国自然灾害综合风险普查调查工作聚焦于自然灾害风险的基本要素底数调查。这里的底数包括各种自然灾害致灾因子底数、主要承灾体底数、历史灾害底数、减灾能力底数、重点隐患底数等，这些底数均需要通过调查的形式形成本次普查的数据成果。其中，致灾因子底数调查主要包括调查致灾因子的强度、范围、频率等情况，风险普查涉及的主要自然灾害包括地震灾害、地质灾害、气象灾害、水旱灾害、海洋灾害、森林和草原火灾等六大灾种。承灾体即可能承受自然灾害打击的对象，房屋建筑、基础设施（公路和水路设施，市政道

路、桥梁和城市供水等市政设施）、公共服务设施等都是承灾体需要
调查的对象。历史自然灾害调查的对象既包括不同行政单元的年度自
然灾害，也包括历史上发生的重大自然灾害事件，包括每场重大灾害
的致灾情况及损失情况等。综合减灾能力调查是调查各地防灾减灾救
灾的能力，包括各级政府、社会和基层、家庭的防灾减灾救灾能力。
重点隐患底数调查包含重大致灾隐患和重点承灾体隐患调查。

风险普查工作涉及部门多，技术要求高。为形成综合性调查成
果，国务院第一次全国自然灾害综合风险普查领导小组办公室（以
下简称国务院普查办）印发了 48 项调查类技术规范（表 1-1），按
技术规范要求开展数据采集工作；利用统一开发的软件系统填报调查
数据、开展质检与核查工作。

表 1-1 调查类技术规范目录

序号	调查类技术规范名称
1	A-01_县级 1：50000 活动断层分布图编制技术规范
2	A-02_1：250000 地震构造图编制指南
3	A-03_全国 1：1000000 区域地震构造图编制技术规范
4	B-01_地质灾害风险调查评价技术要求
5	C-01_暴雨灾害调查与风险评估技术规范
6	C-02_冰雹灾害调查与风险评估技术规范
7	C-03_大风灾害调查与风险评估技术规范
8	C-04_低温灾害调查与风险评估技术规范
9	C-05_干旱灾害调查与风险评估技术规范
10	C-06_高温灾害调查与风险评估技术规范
11	C-07_雷电灾害调查与风险评估技术规范
12	C-08_台风灾害调查与风险评估技术规范
13	C-09_雪灾调查与风险评估技术规范
14	C-10_沙尘暴灾害调查技术规范
15	D-01_暴雨频率图编制技术要求

表 1-1（续）

序号	调查类技术规范名称
16	D-02_中小流域洪水频率图编制技术要求
17	D-03_洪水灾害隐患调查技术要求
18	D-04_山丘区中小河流洪水淹没图编制技术要求
19	D-05_干旱灾害风险调查评估与区划编制技术要求
20	E-01_海洋灾害隐患调查评估技术规范-海岸防护
21	E-02_海洋灾害隐患调查评估技术规范-渔港
22	E-03_海洋灾害隐患调查评估技术规范-海水养殖区
23	E-04_海洋灾害隐患调查评估技术规范-滨海旅游区
24	F-01_森林可燃物标准地调查技术规程
25	F-02_森林可燃物大样地调查技术规程
26	F-03_森林和草原野外火源调查技术规程
27	F-04_草原可燃物标准地调查技术规程
28	F-05_历史森林和草原火灾调查技术规程
29	F-06_森林和草原火灾减灾能力调查技术规程
30	G-01_市政设施承灾体普查技术导则
31	G-02_城镇房屋建筑调查技术导则
32	G-03_农村房屋建筑调查技术导则
33	G-04_自然灾害综合风险公路承灾体普查技术指南
34	G-05_自然灾害综合风险水路承灾体普查技术指南
35	G-06_核技术利用单位自然灾害重点隐患排查数据采集与核查技术规范
36	G-07_核燃料循环设施自然灾害重点隐患排查数据采集与核查技术规范
37	G-08_核电厂自然灾害重点隐患排查数据采集与核查技术规范
38	G-09_研究堆自然灾害承灾体调查技术规范
39	G-10_公共服务设施调查技术规范
40	G-11_非煤矿山自然灾害承灾体调查技术规范
41	G-12_煤矿自然灾害承灾体调查技术规范

表 1-1 （续）

序号	调查类技术规范名称
42	G-13_危险化学品自然灾害承灾体调查技术规范
43	H-01_历史年度自然灾害灾情调查技术规范
44	H-02_重大历史自然灾害调查技术规范
45	I-01_政府减灾能力调查技术规范
46	I-02_企业及社会组织减灾能力调查技术规范
47	I-03_乡镇与社区减灾能力调查技术规范
48	I-04_家庭减灾能力调查技术规范

一、主要自然灾害致灾因子调查

（一）地震灾害致灾调查

1. 地震危险源调查及基础数据库建设

1）现有地震活动断层与地震工程地质条件钻孔基础数据库建设

组织收集已验收通过的活动断层探测和地震安全性评价获得的活动断层探测、地震工程地质条件钻孔成果，按照统一数据模板完成两大类数据的汇交与整合，建设全国范围内标准一致的空间数据库及档案数据库。

2）县级 1∶50000 活动断层分布图

对已经开展过 1∶50000 地震活动断层填图工作涉及的县（全国共约 308 个），根据已有填图成果，编制县级 1∶50000 活动断层分布图。

3）重点城市活动断层探察

依据《活动断层探测》（GB/T 36072—2018）等系列标准，开展城市活动断层探察。

4）京津地区高震级潜在震源调查

在京津地区开展高震级发震构造近地表高精度断层活动性勘探以及钻孔联合地质剖面探测。

2. 地震活动性模型更新

1）全国 1∶1000000 与省级 1∶250000 地震构造图编制

在现有地震活动断层与地震工程地质条件钻孔基础数据库建设成果、重点城市活动断层探察、京津地区高震级潜在震源调查等工作基础上，完成我国大陆 1∶1000000 区域地震构造数据库建设和地震构造图编制。基于已有的 1∶50000 活动断层填图和城市活动断层探察结果，完成我国省级 1∶250000 区域地震构造数据库建设和地震构造图编制，给出资料可靠度的分析结果。

2）中国大陆强震危险源及危险性综合判定

基于多学科资料，综合块体边界与块体内部的地震概率结果，给出我国大陆未来 10 年的强震概率分布。构建由地震地质给出的强震离逝率、大地测量资料反演的断层闭锁程度、地震活动确定的中小地震活动程度和模拟给出的断层应力累积水平等组成的孕震阶段判定因子，综合给出中国大陆活动块体边界带孕震阶段判定结果。基于地壳变形、地震活动、地震地质等观测和研究成果，综合给出我国大陆未来 10 年强震危险源空间分布图；基于原始观测资料、中间结果及最终判定结果构建强震危险源识别数据库。

3）全国潜在震源模型更新

在梳理《中国地震动参数区划图》（GB 18306—2015）所使用的高震级潜在震源划分资料的基础上，收集整理 2010 年以来全国范围内有关活动构造、地震、地球物理等方面的新资料与数据，充分利用已有 1∶50000 活动构造填图、1∶250000 和 1∶1000000 区域地震构造调查工作成果，对潜在震源进行校核，补充识别出新的高震级潜在震源（东部震级上限 7.0 级以上、西部震级上限 7.5 级以上）；确定高震级潜在震源分布，评估潜在震源高震级档地震风险，更新全国潜在震源模型。

（二）地质灾害致灾调查

1. 现有工作成果转换和利用

20 世纪 90 年代以来，自然资源部（原国土资源部）分阶段、分层次先后开展了地质灾害调查工作，累计完成山地丘陵区 2020 个县（市）1∶100000 比例尺概略性调查、1517 个县（市）1∶50000 比例尺较详细调查，累计发现全国地质灾害隐患约 28.6 万处。本次地质灾害风险普查工作聚焦 1∶50000 比例尺地质灾害风险调查与评价，进一步摸清我国崩塌滑坡泥石流风险隐患底数。

2. 地质灾害隐患综合遥感识别

地质灾害高易发区、中易发区县（市）可根据各地实际情况选择开展地质灾害隐患综合遥感识别，综合利用光学遥感影像和卫星雷达数据等，识别地质灾害隐患点，作为地质灾害风险普查的基础数据和依据。提交本次地质灾害风险普查的成果是地质灾害及隐患的空间位置信息，不包括地质灾害及隐患点上具体的空间几何特征信息。各地区可结合实际，视情开展此项工作。

3. 地质灾害野外调查

根据地质灾害防治管理的实际情况和需求，参照自然资源部印发的《地质灾害风险调查评价技术要求（1∶50000）（试行）》，开展 1∶50000 地质灾害野外调查。加强调查和记录地质灾害潜在影响区范围内的房屋、基础设施等承灾体数据。针对人口类型承灾体，调查获取地质灾害影响区生活、工作等人口数量、年龄结构等信息；针对经济类型承灾体，调查获取公路、铁路等交通设施、房屋等建筑和生活设施、通信设施等财产信息；针对环境类型承灾体，调查获取土地利用类型等信息。上述承灾体数据通过本次风险普查的数据共享机制获取。

（三）气象灾害致灾调查

1. 台风灾害

调查的主要对象为影响我国的热带气旋（分为热带低压、热带风暴、强热带风暴、台风、强台风和超强台风 6 个级别），调查重点为热带风暴及以上级别的热带气旋（以下统称为台风），包括登陆我国的台风以及虽未登陆但对我国造成一定影响的台风。

调查范围及精度为我国沿海各省和内陆部分省份，国家级资料精度达到县域尺度，省级可根据条件达到乡镇尺度。

台风灾害危险性调查工作内容包括：

（1）台风灾害事件调查。

（2）台风致灾危险性调查（台风引起的风雨致灾因子调查、风雨致灾因子评估起点调查、风雨致灾因子权重系数调查）。

调查内容及技术方法详见《台风灾害调查与风险评估技术规范》。

2. 暴雨灾害

1）暴雨灾害事件调查

调查的主要对象包括降水量调查、单站暴雨过程调查和区域暴雨过程调查。降水量调查指雨季降水量、暴雨日数等；单站暴雨过程调查指确定暴雨过程的主要降雨特征，调查暴雨过程中不同时效的降雨强度、降雨发生时间及持续时间等；区域暴雨过程调查指在单站暴雨过程调查的基础上，主要增加降雨影响范围、面积、时间以及综合强度的调查。

调查内容及技术方法详见《暴雨灾害调查与风险评估技术规范》。

2）暴雨过程强度指数以及强事件调查

对各评价指标进行归一化处理，采用信息熵赋权法等方法确定权重，加权求和得到暴雨过程强度指数，以不少于 30 年的所有暴雨过程的强度指数为样本，采用百分位数法，划分为一般性、略偏强、偏强、明显偏强和极端事件 5 个等级，等级达到Ⅰ级和Ⅱ级的事件称作强事件，得到一般暴雨灾害事件和重大暴雨灾害事件。各地也可结合实际经验进行权重调整。

调查内容及技术方法详见《暴雨灾害调查与风险评估技术规范》。

3. 干旱灾害

1）干旱过程调查

国家级、省级对区域干旱过程的持续时间、影响范围、干旱过程强度及强度等级等方面进行统计分析和评估。县级单站干旱过程致灾危险性调查除调查单站干旱过程持续时间、过程强度、过程累积强度等，还可以了解各地资料掌握情况及需求，选择性开展干旱过程降水量、干旱过程降水距平百分率、平均气温距平、最长连续无降水日数、0~20 cm土壤相对湿度最小值和平均值、相对湿润度指数等的调查。

调查内容及技术方法详见《干旱灾害调查与风险评估技术规范》。

2）年度干旱致灾危险性因子调查

国家级和省级年度干旱致灾因子调查有区域平均年降水量、不同区域干旱过程强度等级次数。县级年度干旱致灾因子调查有年降水量、年干旱过程总累积强度、年干旱日数、不同干旱等级的年干旱日数、年最长连续干旱日数、年最长干旱过程、强度及评估等级、年最强干旱过程、强度及评估等级、年干旱过程总次数、不同干旱过程强度等级次数。

4. 风雹灾害

风雹灾害主要包含大风灾害和冰雹灾害。

1）大风灾害调查

（1）大风灾害事件调查。调查历史大风灾害事件的基本信息，包括开始日期、结束日期、持续时间、影响范围；调查历史大风灾害事件的致灾因子信息，包括大风分类、日最大风速和风向、日极大风速和风向；处理历史大风灾害事件的灾情信息，包括受灾分布、直接经济损失、农业受损面积（受灾面积和成灾面积）、受灾人口、建筑物及设施倒损（房屋倒塌和损坏、临时/简易建筑物倒损、电杆等其他倒损）和详细灾情描述等。灾情信息由相关部门协调共享并可适当调整所列之项目。

调查历史大风灾害事件的空间分布特征以及月、季节、年际变化特征。根据灾情收集情况分析历史大风灾害事件的灾情特征。

（2）大风气候特征调查。调查区域内各站点的大风日数、日极大风速的统计特征；调查区域内大风日数和极大风速的年、季节变化特征；调查区域内大风日数和极大风速均值的空间分布特征；调查区域内大风的分类（冷空气大风、雷暴大风及偏南大风等）及基本特征（各类大风日数和大风极值等）。

调查内容及技术方法详见《大风灾害调查与风险评估技术规范》。

2）冰雹灾害致灾因子调查

冰雹灾害致灾因子调查包括降雹日期、降雹频次、降雹开始时间、降雹结束时间、降雹持续时间、降雹时极大风速、最大冰雹直径等，按照《冰雹灾害调查与风险评估技术规范》附表 A 的格式填写。

5. 雪灾

基于雪灾历史灾情和灾害事件过程信息，针对牧区、不同农作物等确定雪灾致灾因子，使用分析模型，结合调查，建立雪灾致灾因子模型，并建立雪灾等级指标体系。

调查内容及技术方法详见《雪灾调查与风险评估技术规范》。

6. 低温灾害

低温灾害危险性调查包括冷空气（寒潮）、霜冻害、低温阴雨、冰冻等低温灾害的频次、强度或持续时间等致灾因子，低温灾种不同，所选致灾因子可有所区别。

1）低温灾害事件调查

冷空气（寒潮）、霜冻害、低温阴雨、冰冻等低温灾害事件识别依据《低温灾害调查与风险评估技术规范》。

2）致灾因子识别

低温灾害致灾因子可选取持续时间、过程最大降温幅度、过程极端最低气温、过程平均最低气温、过程累积降水量等。不同地区或省亦可根据灾情识别或选取不同低温灾害致灾因子。

7. 高温灾害

高温灾害调查的对象主要是区域性高温事件及其影响，主要工作内容如下。

1）高温灾害事件调查

高温灾害事件识别依据《高温灾害调查与风险评估技术规范》。

2）灾损指数分析

基于灾情调查、高温灾害危险性调查（包括高温灾害事件持续时间、强度和影响范围），以及长序列气象观测资料，采用灾害事件识别模型或方法，建立高温灾害事件监测识别指标，开展不同区域高温灾害事件识别。

调查内容及技术方法详见《高温灾害调查与风险评估技术规范》。

8. 雷电灾害

根据雷电灾害发生特征、现有观测资料积累以及雷电灾害影响，雷电灾害危险性调查工作内容包括：雷电灾害致灾因子调查，包括雷电密度、雷电强度、雷暴日数等；雷电灾害孕灾环境因子调查，包括海拔高度、地形变化、土壤电导率等；雷电灾害历史背景观测资料调查，包括雷电灾害发生时的致灾因子强度信息；雷电灾害承灾体调查，为雷电灾害造成的经济损失。

调查内容及技术方法详见《雷电灾害调查与风险评估技术规范》。

9. 沙尘暴灾害

沙尘暴灾害（包括沙尘、扬沙、浮尘）调查主要包括历史沙尘暴灾害事件调查和气候特征调查。

调查历史沙尘暴灾害事件的基本信息，包括开始日期、结束日期、持续时间、影响范围；调查历史沙尘暴灾害事件的致灾因子信息，包括沙尘暴分类、日最大风速、日极大风速、最低水平能见度、日平均环境空气质量监测数据 PM10；基于卫星遥感监测数据调查历史沙尘暴灾害事件发生时间、强度、影响范围、气溶胶光学厚度（AOD）等。历史沙尘暴灾害事件调查内容可根据当地的实际情况作适当的筛选。

沙尘暴的气候特征调查包括区域内各站点的沙尘日数、沙尘暴日数，沙尘暴发生期间的最低水平能见度、最大或极大风速值。调查历史沙尘暴灾害事件的空间分布特征以及季节、年际变化特征。

调查内容及技术方法详见《沙尘暴灾害调查技术规范》。

（四）水旱灾害致灾调查

1. 洪水

充分利用现有审定成果，集成全国暴雨频率图、中小流域洪水频率图和大江大河主要控制断面洪水特征值图表。确有需要的，可根据地方实际情况新编制暴雨频率图和中小流域洪水频率图。

2. 干旱

在全国范围内开展干旱灾害致灾调查，内容如下：

基础资料包括 2017—2020 年水资源总量、地表水供水、地下水供水，居民生活、生产等供用水资料；现状（2020 年）蓄、引提、调等抗旱水源工程，监测、预案、服务保障等非工程措施；现状（2020 年）城镇供水水源情况。

灾害事件资料包括 2008—2020 年各次干旱灾害事件的发生时间、范围，农业和城镇等受灾及损失情况，以及历年实施的抗旱措施、投入人力物力、抗旱效果效益等。

（五）海洋灾害致灾调查

1. 风暴潮致灾孕灾要素调查

针对国家尺度，包括水文资料，我国沿海海洋、水文代表站位1978—2020 年年度最大增水和最高潮位观测资料，观测数据统一到1985 国家高程基准。原则上一般要求有不少于 20 年的连续实测资料。警戒潮位资料为搜集调查区域的警戒潮位值。针对县尺度，在无长期验潮站的岸段设立补充验潮站，保证每个特征岸段有一个长期验潮站或临时验潮站；警戒潮位资料为搜集调查区域的警戒潮位值。水文资料（包括潮位资料、增水资料）和警戒潮位资料的调查精度为精确到厘米。

2. 海浪致灾孕灾要素调查

针对国家尺度，收集包括 1978—2020 年沿岸海洋观测站、浮标、船舶报、卫星高度计等历史海浪观测资料，资料中应包括极端天气过程的浪高信息；收集西北太平洋海浪实况分析图等历史海浪实况分析资料，资料长度不少于 30 年。针对省尺度，收集包括沿岸海洋观测站、浮标、船舶报、卫星高度计等历史海浪观测资料，资料中应包括极端天气过程的浪高信息。海浪资料包括海洋观测站、浮标、船舶报、卫星高度计等观测资料，调查精度精确到 0.1 m。

3. 海啸致灾孕灾要素调查

调查地震源信息资料和典型潮位站海啸波动序列资料。对收集到的数据进行标准化处理和质量控制审核。海啸调查资料包括地震源信息资料和典型潮位站海啸波动时间序列资料，水位数据调查精确到厘米。

4. 海平面上升致灾孕灾要素调查

围绕海平面上升风险中海平面变化、潮汐特征、地面高程状况、海岸状况、人口和经济等因素开展调查工作，收集沿海地区社会经济统计数据和地理信息数据，开展海平面变化、潮汐特征和海岸线状况调查工作。

5. 海冰致灾孕灾要素调查

针对国家、省尺度，调查海区 1978—2020 年海冰时空分布特征（冰日、冰期、严重冰期海冰厚度和密集度、冰类型等）、发生时间、发生强度等。

（六）森林和草原火灾致灾调查

1. 森林和草原可燃物调查

森林可燃物调查主要包括可燃物载量、平衡含水率、燃点热值等调查。草原可燃物调查主要包括草原可燃物类型、载量调查等要素调查。样地调查主要是通过分层典型抽样调查，建立各区、各类可燃物模型，结合森林和草原资源数据估算载量。

2. 野外火源调查

野外火源调查以乡镇为单位进行调查。调查对象主要是林牧区范围内近 5 年（2016—2020 年）发生的野外火源信息，包括引起火灾的火源、经批准的野外用火、违规野外用火、重要火源点、无民事行为能力和限制行为能力人口。其中，宗教活动场所、旅游景区、人口等数据通过共享应急管理部承灾体调查、减灾能力调查成果获取。

3. 气象信息获取及处理

获取和采集 1990—2020 年全国历史气象标准格网数据，并进行数据处理，提取致灾危险性相关指标。

（七）重点隐患调查

重点隐患调查主要开展地震灾害、地质灾害、洪水灾害、海洋灾害、森林和草原火灾等致灾和设防重点隐患调查评估。

1. 地震灾害

重点调查其可能引发重大人员伤亡或阻碍社会运行的承灾体，按照可能造成的影响（损失）水平建立地震灾害隐患分级标准，确定主要承灾体的隐患等级。

2. 地质灾害

基于地质灾害隐患点现场调查情况，根据其活动性和危害性，对地质灾害隐患点风险进行定性评价和等级划分，掌握地质灾害隐患及威胁对象的动态变化情况，更新地质灾害数据库。

3. 洪水灾害

调查水库工程、水闸工程、堤防工程、国家蓄滞洪区的现状防洪能力、防洪工程达标情况或安全运行状态。

4. 海洋灾害

围绕漫滩、漫堤、溃堤、管涌等主要致灾特征，在对可能影响的全国沿海海岸带（从海岸线向陆一侧延伸至海拔 10 m 等高线，且纵深不超过 10 km，重点河口区域延伸至沿海县，向海延伸至领海基线）海水养殖、渔船渔港、滨海旅游区、海岸防护工程（海堤）等重点承灾体开展隐患调查评估。

5. 森林和草原火灾

针对林区、牧区范围内的房屋建筑、防火设施等重要承灾体开展承灾体隐患评估，针对设防工程达标情况、减灾能力建设情况等开展减灾能力隐患评估，结合致灾孕灾危险性等级和减灾能力薄弱隐患等级，开展综合隐患评估，确定各类隐患等级。

二、承灾体调查

在全国范围内统筹利用各类承灾体已有基础数据，开展承灾体单体信息和区域性特征调查，重点对区域房屋、基础设施、民用核设施、矿山（煤矿、非煤矿）、危险化学品产业园、公共服务系统、三次产业、资源与环境等重要承灾体，人口、GDP、农作物（含小麦、玉米、水稻等）、企业固定资产等重要统计数据，土地利用、地形等重要孕灾环境的空间位置和自然灾害灾情属性和空间信息进行调查。

（一）房屋建筑和市政设施调查

内业提取城镇和农村住宅、非住宅房屋建筑单栋轮廓，掌握房屋建筑的地理位置、占地面积信息；在房屋建筑单体轮廓底图基础上，外业实地调查并使用 App 终端录入单栋房屋建筑的建筑面积、结构、建设年代、用途、层数、使用、设防情况等信息。

（二）公路和水路设施调查

针对交通、能源、通信、市政、水利等重要基础设施，共享整合各类基础设施分布和部分属性数据库，通过外业补充性调查基础设施的空间分布和属性信息。基础设施属性信息主要包括设施地理位置、类型、数量和设防情况等内容。

（三）民用核设施调查

核查民用核设施的抗震设防标准、洪水设防标准、台风防护等主要自然灾害防护要求执行情况，调查和统计民用核设施自然灾害防护达标情况。

（四）公共服务设施调查

针对教育、卫生、社会福利等重点公共服务系统，调查学校、医院和福利院等公共服务机构的人员情况、功能与服务情况、应急保障能力等信息。

（五）危险化学品、煤矿和非煤矿山等重点企业调查

调查矿山生产企业、危险化学品产业园空间位置和设防情况等信

息；核查矿山、危险化学品产业园的抗震设防标准、洪水设防标准、台风防护、地质灾害防护等主要自然灾害防护要求执行情况；调查和统计矿山、危险化学品产业园自然灾害防护达标情况。

（六）人口、经济及农作物等数据调查

充分利用最新人口普查、经济普查及各级政府统计局年度统计资料，共享整理行政单元人口、GDP、农作物（含小麦、玉米、水稻等）等统计数据，制作全国人口和 GDP 格网分布图。

三、历史灾害灾情调查

（一）历史年度自然灾害灾情调查

历史年度自然灾害调查包括国家、省、市、县四级行政区域。调查内容为 1978—2020 年发生的年度自然灾害情况。灾种包括干旱灾害、洪涝灾害、台风灾害、风雹灾害、低温冷冻灾害、雪灾、沙尘暴灾害、地震灾害、地质灾害（崩塌、滑坡、泥石流）、海洋灾害（风暴潮、海冰、海浪）、森林和草原火灾。收集整理分灾种年度自然灾害情况数据及资料，主要内容包含灾害种类、受灾人口、死亡失踪人口、农作物受灾面积、农作物绝收面积、倒塌房屋户数、倒塌房屋间数、损坏房屋户数、损坏房屋间数、火场总面积、受害森林面积、受害草原面积、直接经济损失等灾情指标数据，当年年末总人口、当年播种面积、当年地区生产总值等基础数据，以及年度灾害总结报告等。

通过行业部门共享以及收集地方志、救灾档案、政府档案、行业部门的统计公报等资料的方式，获取历史年度自然灾害灾情调查数据。其中，2009—2020 年含部分灾种、部分调查指标的数据提前预置到普查填报系统中，供各级应急管理部门参考使用，各级应急管理部门可根据实际情况进行核定、调整和修改。

县级应急管理部门负责对通过资料收集获取的历史年度自然灾害灾情有关数据进行整合填报。地市级、省级、部级层面负责对下级填报数据进行审核、质检、汇总。地方各级应急管理部门通过普查系统正式上报前，应与同级相关部门进行沟通会商。

针对海洋灾害（风暴潮、海冰、海浪）、地质灾害（崩塌、滑坡、泥石流），县级应急管理部门可根据数据资料收集共享获取情况，酌情确定填报主灾种或亚灾种。原则上，1978—1999 年按主灾种（地质灾害、海洋灾害）填报，2000—2020 年按亚灾种（风暴潮、海冰、海浪、崩塌、滑坡、泥石流）填报。

（二）重大历史自然灾害调查

重大历史自然灾害调查范围包括国家、省、市、县四级行政区域。调查内容为 1949—2020 年发生的重大自然灾害，灾种包括洪涝灾害、台风灾害、地震灾害、森林火灾等灾害种类。按照《国家突发公共事件总体应急预案》《国家自然灾害救助应急预案》的有关要求，重大自然灾害指达到启动国家级 Ⅱ 级（含）以上应急响应阈值标准的灾害事件，阈值标准按照死亡失踪 100 人及以上判定，倒塌和严重损坏房屋、紧急转移安置人口不作为阈值标准。针对台风灾害，将致灾危险性作为参考判定标准。主要调查重大洪涝灾害、重大地震灾害、重大台风灾害、重大森林火灾总体情况及发展变化情况的致灾因子数据（含时间、空间、强度等方面），人员受灾情况等灾情数据，包括指标数据、报告数据、专题图数据、照片数据。

由国务院普查办会同相关行业部门确定 1949—2020 年达到重大自然灾害阈值标准的事件清单以及事件涉及县级行政区范围。其中，重大洪涝灾害清单和涉及县级行政区范围主要由水利部确定，重大地震灾害清单和涉及县级行政区范围主要由中国地震局确定，重大台风灾害清单和涉及县级行政区范围主要由中国气象局确定，重大森林火灾清单和涉及县级行政区范围主要由国家林业和草原局确定。

1. 重大洪涝灾害事件的数据填报

由水利部所属专业单位配合确定致灾因子调查指标并配合收集整合相关数据；人员受灾情况、房屋倒损情况、基础设施损毁情况、农作物受灾情况等灾情数据由省普查办组织同级应急管理部门、民政部门、交通运输部门、工业和信息化部门、电力部门、水利部门、市政部门、自然资源部门以及地方史志办公室收集整编。

2. 重大地震灾害事件的数据填报

由中国地震局确定致灾因子调查指标并提供相关数据；人员受灾情况、房屋倒损情况、基础设施损毁情况等灾情数据由省普查办组织同级应急管理部门、民政部门、交通运输部门、工业和信息化部门、电力部门、水利部门、市政部门以及地方史志办公室收集整编。

3. 重大台风灾害事件的数据填报

由中国气象局确定致灾因子调查指标并提供相关数据；人员受灾情况、房屋倒损情况、基础设施损毁情况、农作物受灾情况等灾情数据由省普查办组织同级应急管理部门、民政部门、交通运输部门、工业和信息化部门、电力部门、水利部门、市政部门、自然资源部门以及地方史志办公室收集整编。

4. 重大森林火灾事件的数据填报

由国家和地方林草部门提供致灾因子和灾情数据。省普查办组织同级相关部门进行会商，最终成果由国务院普查办组织相关涉灾部门和专家进行会商核定。

1949—2020 年我国发生的重大自然灾害清单见表 1-2。

表 1-2　1949—2020 年我国发生的重大自然灾害清单

灾害种类	灾种序号	灾 害 案 例 名 称
洪涝灾害	1	1950 年 7 月淮河中游洪水灾害
	2	1954 年 8 月淮河中游洪水
	3	1954 年长江中下游洪水
	4	1956 年 8 月海河大水
	5	1957 年 7 月沂沭泗水系大水
	6	1957 年 9 月松花江洪水
	7	1963 年 8 月海河洪水
	8	1975 年 8 月淮河上游大水
	9	1981 年 7 月四川大水

表 1-2（续）

灾害种类	灾种序号	灾害案例名称
洪涝灾害	10	1983 年汉江上游大水
	11	1985 年 8 月辽河大水
	12	1991 年太湖流域大水
	13	1991 年 7 月淮河上游大水
	14	1994 年 6 月珠江流域西、北江特大洪水
	15	1996 年 8 月海河洪水
	16	1998 年 6—8 月松花江、嫩江流域大水
	17	1998 年长江中下游大水
	18	2004 年 9 月川渝暴雨洪涝灾害
	19	2005 年 6 月南方六省暴雨洪涝灾害
	20	2005 年黑龙江省宁安市沙兰镇"6·10"山洪灾害
	21	2010 年 6 月福建闽江洪水灾害
	22	2010 年长江流域洪涝灾害
	23	2010 年松辽流域暴雨洪涝灾害
	24	2010 年 8 月 8 日甘肃特大山洪泥石流灾害
	25	2011 年 6 月长江中下游洪涝灾害
	26	2011 年 9 月嘉陵江、汉江、渭河秋汛灾害
	27	2012 年京津冀"7·21"暴雨洪涝灾害
	28	2013 年 8 月中旬辽宁、吉林暴雨山洪灾害
	29	2016 年 7 月中下旬华北地区暴雨洪涝灾害
	30	2020 年 7 月长江淮河流域特大暴雨洪涝灾害
台风灾害	1	4906 号台风
	2	5413 号台风
	3	5612 号台风
	4	5903 号台风
	5	6205 号台风（Kate）

表 1-2（续）

灾害种类	灾种序号	灾 害 案 例 名 称
	6	6214 号台风（Amy）
	7	6911 号台风（Elsie）
	8	7123 号台风（Bess）
	9	7209 号台风（Betty）
	10	7503 号台风（Nina）
	11	7504 号台风（Ora）
	12	8407 号台风（Freda）
	13	8506 号台风（Jeff）
	14	9015 号台风（Abe）
	15	9107 号台风（Amy）
	16	9216 号台风（Polly）
	17	9219 号台风（Ted）
	18	9309 号台风（Tasha）
台风灾害	19	9403 号台风（Russ）
	20	9406 号台风（Tim）
	21	9417 号台风（Fred）
	22	9608 号台风（Herb）
	23	9711 号台风（Winnie）
	24	0010 号台风（Bilis）
	25	0012 号台风（Prapiroon）
	26	0104 号台风（Utor）
	27	0414 号台风（Rananim）
	28	0509 号台风（Matsa）
	29	0513 号台风（Talim）
	30	0515 号台风（Khanun）
	31	0604 号台风（Bilis）
	32	0606 号台风（Prapiroon）

表 1-2（续）

灾害种类	灾种序号	灾 害 案 例 名 称
台风灾害	33	0709 号台风（Sepat）
	34	0814 号台风（Hagupit）
	35	1311 号台风（Utor）
	36	1323 号台风（Fitow）
	37	1409 号台风（Rammasun）
	38	1818 号台风（Rumbia）
	39	1909 号台风（Lekima）
地震灾害	1	1950 年西藏察隅 8.6 级地震
	2	1951 年云南剑川 6.3 级地震
	3	1966 年云南东川 6.5 级地震
	4	1966 年河北邢台 7.2 级地震
	5	1970 年云南通海 7.7 级地震
	6	1970 年宁夏西吉 5.9 级地震
	7	1973 年四川炉霍 7.6 级地震
	8	1974 年云南昭通 7.1 级地震
	9	1975 年辽宁海城 7.3 级地震
	10	1976 年河北唐山 7.8 级地震
	11	1981 年四川道孚 6.9 级地震
	12	1988 年云南澜沧-耿马 7.6 级地震
	13	1990 年青海共和-兴海 6.9 级地震
	14	1996 年云南丽江 7.0 级地震
	15	2003 年新疆巴楚-伽师 6.8 级地震
	16	2008 年四川汶川 8.0 级地震
	17	2010 年青海玉树 7.1 级地震
	18	2013 年四川芦山 7.0 级地震
	19	2014 年云南鲁甸 6.5 级地震
森林火灾	1	1987 年大兴安岭火灾

四、综合减灾能力调查

(一) 政府减灾能力调查

政府减灾能力调查的对象为国家、省、市、县各级政府的灾害管理能力,专业救援队伍(政府专职消防队伍、企事业专职消防队伍、森林消防队伍、航空护林站,以及地震、矿山/隧道、危化/油气、海事救援队伍),救灾物资储备库(点),应急避难场所,地质灾害监测和工程防治等。

政府灾害管理能力调查,包括对省、市、县级应急管理(地震)、气象、水利、自然资源(地质、海洋)、林草、农业、交通运输、住房和城乡建设部门、科学技术部门从事防灾减灾救灾等工作的人员队伍、防灾减灾规划、应急预案和综合减灾资金投入等方面内容的调查。

政府专职和企事业专职消防救援队伍与装备调查,指县级应急管理(消防救援)部门对辖区内的政府专职消防队、企事业单位专职消防队伍基本概况、人员情况、装备设备和接警出动等内容的调查。森林消防队伍与装备调查,指县级应急管理部门对辖区内的森林消防队伍基本概况、人员情况、装备设备和接警出动等内容的调查。航空护林站调查,指应急管理部和省级应急管理部门对本级辖区内航空护林站基本概况、人员情况、基础设施、装备设备和抢险救援等内容的调查。地震专业救援队伍与装备调查,是指应急管理部和省级应急管理部对辖区内的地震专业救援队伍基本概况、人员情况、救援设备和抢险救援等内容的调查。矿山/隧道行业救援队伍与装备调查,是指应急管理部和省级应急管理部门对本辖区内认定的矿山/隧道行业救援队伍基本概况、人员情况、搜救装备设备和抢险救援等内容的调查。危化/油气行业救援队伍与装备调查,是指应急管理部和省级应急管理部门对辖区内认定的危化/油气行业救援队伍基本概况、人员情况、重要装备和抢险救援等内容的调查。海事救援队伍与装备调查,是指交通运输部和省级交通运输部门对本级认定的海事(包括海域和内陆水域）救援队伍（或水上交通应急救援队伍）基本概况、人员情况、重要装备和抢险救援等内容的调查。

救灾物资储备库（点）调查，是指国家、省、市和县应急管理、发展改革（粮食和物资储备）、民政、气象等部门认定的救灾物资储备库和储备点基本概况、储备物资、上一年度物资调度情况等内容的调查。

灾害应急避难场所调查，是指省、市、县应急管理（原安监、原应急办、原民政、地震）、发展改革、住房和城乡建设、自然资源（地质）、气象、人防等部门建设或认定的应急避难场所基本概况、建设管理等内容的调查。

地质灾害监测和工程防治能力调查，是指县级自然资源（地质灾害）部门对辖区内开展自动监测的地质灾害点数量、开展工程防治的地质灾害点数量等内容的调查。

（二）企业与社会组织减灾能力调查

1. 企业救援装备调查

调查内容包括企业基本情况、大型施工设备、小型专业设备和其他救援设备 4 个方面。主要统计从事救援装备生产，土木、建筑工程，矿业开采等施工活动的中央、省级大型企业。大型企业指资产总额大于或等于 80000 万元以上或营业收入大于或等于 40000 万元的大型中央、省级国有企业。可依据地方需求扩展到中型企业（含私企）调查（自选）。中型企业指营业收入大于或等于 2000 万元并小于 40000 万元的企业。由各省级应急管理部门协调工商管理部门按属地统计原则对辖区内上述国有、中央级大型企业进行调查和填报。大型救援装备生产企业、大型工程建设企业和大型采矿企业减灾能力调查包括企业名称、工厂地址、企业代码等企业基本信息、大型挖掘机数量、大型汽车式起重机数量及单机最大起重量、大型装载机数量及功率，以及大型履带式推土机数量等内容。

2. 保险和再保险企业减灾能力调查

调查内容包括企业情况、经营范围、参与应急救灾情况、灾害队伍保障能力4项内容。主要调查国内主要保险企业和再保险企业总部和省级公司。由应急管理部门协调保险监督部门对上述保险与再保险企业总部进行调查和填报，省级应急管理部门协调省级保险监督部门对保险和再保险省级分公司进行调查。

3. 社会组织减灾能力的调查

调查内容包括全国各级民政部门登记注册的社会应急救援队伍，以及红十字会、工青妇等群团组织，各级政府部门管理或指导未在民政部门登记的社会应急救援队伍基本情况、办公场所与队伍规模、装备物资情况、主要能力、开展培训和科普情况、收支情况等。各类调查对象的具体指标信息，依据社会组织减灾能力调查表进行采集。县级、市级、省级及国家应急管理部门根据清查对象，协调各参与部门共同完成。其中，各级应急管理部门负责本辖区所有调查工作的组织协调、人员配置、业务培训及审核汇集。各参与部门负责本级行政单元相应调查对象的调查指标信息采集。

（三）乡镇（街道）与社区（行政村）减灾能力调查

乡镇（街道）与社区（行政村）减灾能力调查的对象为乡镇政府（街道办事处）和社区（行政村）居委会两类，调查成果的空间单元分别为乡镇（街道）和社区（行政村），调查内容包括乡镇（街道）和社区（行政村）基本情况，以及防灾、减灾、救灾队伍、财力和物资等方面的情况。

乡镇（街道）减灾能力调查的内容包括基本情况，队伍情况隐患排查、风险评估与信息沟通情况，应急预案建设、培训演练情况，资金、装备物资、场所等方面。

社区（行政村）减灾能力调查的内容包括基本情况，灾害风险隐患排查情况，社区防灾减灾救灾能力建设情况，社区防灾减灾活动开展情况等方面。

（四）家庭减灾能力调查

家庭减灾能力抽样调查以县级行政区域为基本单元组织开展。国家普查办统一抽取一定数量的社区（行政村）；县普查办针对抽中的社区（行政村），抽出家庭调查户，并组织辖区内应急管理部门、各乡镇（街道）政府，落实本辖区内的具体调查工作；社区（行政村）负责组织、协助抽样选中的家庭户，填报《家庭减灾能力调查表》。家庭减灾能力调查内容主要包括家庭基本信息、灾害认知能力、灾害自救互救能力等方面的情况。

第三节　调查时空范围

全国自然灾害综合风险普查实施范围为全国各省、自治区、直辖市和新疆生产建设兵团，不含香港特别行政区、澳门特别行政区和台湾地区。具体按照"在地统计"的原则开展普查调查任务。地方各级在按照国家普查方案完成相关任务前提下，根据其主要自然灾害种类、区域自然地理特征和经济社会发展水平，可适当增加调查内容，提高调查精度、质量。

根据调查内容分类确定普查时段（时点），主要自然灾害致灾因子调查收集30年（1990—2020年）及以上长时段连续序列的数据资料，相关信息更新至2020年12月31日。承灾体和综合减灾能力调查、主要自然灾害重点隐患调查，年度时段为2020年1月1日至12月31日，近三年时段为2018年1月1日至2020年12月31日，结束时点为2020年12月31日。年度历史自然灾害灾情调查时段为1978—2020年，重大自然灾害事件调查时段为1949—2020年。

第四节　调查技术方法

充分利用第一次全国地理国情普查、第一次全国水利普查、第三次全国国土调查、第三次全国农业普查、第四次全国经济普查和地震区划与安全性调查、全国山洪灾害调查评价、地质灾害调查、草地资源调查、全国气象灾害普查试点、海岸带地质灾害调查等专项调查和评估等工作形成的相关数据、资料和图件成果，以县级行政区为基本调查单元，遵循"内外业相结合""在地统计"原则，采取全面调查、抽样调查、典型调查和重点调查相结合的方式，利用监测站点数据汇集整理、档案查阅、现场勘查（调查）、遥感解译等多种调查技术手段，开展全国主要自然灾害致灾因子、承灾体、孕灾环境、历史灾害灾情、主要自然灾害隐患、减灾能力等区域自然灾害风险要素调查。

一、工程勘测、遥感解译、站点观测数据资料汇集、现场调查等多种技术手段相结合开展致灾孕灾要素调查

遥感技术、现场勘查和工程勘测等相结合的方法开展地震活动断层、地质灾害调查，汇集气象、水文等数据，通过构造探测、物探、钻探、山地工程等技术手段，结合多种方法校核验证，采集各类致灾孕灾要素数据资料。

二、内外业一体化技术开展承灾体调查

共享利用承灾体管理部门已有普查、调查数据库和业务数据资料，按主要自然灾害风险普查对承灾体数据的要求进行统计、整理入库。采取遥感影像识别、无人机航拍数据提取等技术手段获取房屋建筑等承灾体的分布、轮廓、结构、设防等特征信息，通过互联网数据抓取、现场调查与复核等多样技术手段，结合数据调查 App 移动终端采集承灾体地理位置、数量、设防情况等灾害属性信息，并采用分层级抽样、详查、人工复核等手段，保证数据质量。

三、全面调查和重点调查相结合的方式开展历史灾害灾情调查

以县级行政区为基本单元，全面调查、统计 1978 年以来的年度自然灾害灾情，重点调查 1949 年以来重大自然灾害事件的致灾因素（范围、强度、持续时间等）、灾害损失、应对措施和恢复重建等情况。构建一整套历史灾害灾情调查数据体系，形成历史灾害灾情调查技术规范，汇集要素完整、内容翔实、数据规范的长时间序列历史灾

害灾情时空数据集。

第五节 空间信息制备与软件系统建设

一、空间数据制备

国务院普查办研制普查工作底图服务平台，面向各个行业提供统一的普查工作底图服务，包括高分辨率遥感影像、地图、普查区划等，为行业分平台普查软件系统及其数据汇总提供统一的空间参考系统，实现跨平台全国各级各类普查数据"一张图展示"。工作底图服务平台在互联网和电子政务外网同步部署，数据源及其数据更新由国务院普查办负责建设维护。

（一）技术支撑

应急管理部制定统一的规范、方案和要求，制备必要的软件工具，支撑工作底图服务的制备、发布和管理。

（二）底图内容

工作底图由基础底图和普查区划两个部分组成。基础底图采用应急管理部 EGIS 平台中的"天地图"服务，包括天地图矢量栅格瓦片地图服务、天地图影像栅格瓦片地图服务、天地图地形栅格瓦片地图服务。底图包含全国 0.8 m 分辨率影像服务，与天地图影像栅格瓦片地图服务进行叠加使用。普查区划采用 2020 年 12 月版民政部颁布的区划数据，包含增加批准设立的特殊区划，在利用软件系统普查区划分功能，经各级确认后的国家、省、市、县、乡行政区划及行政驻地的矢量切片数据。

为了方便开展普查工作，对于具备独立开展普查工作但尚未正式划定为行政区划的区县级以上机构，可通过设置"特殊区划"将空间上连续或不连续的区域组织为一个统一的普查机构。针对此次普查涉及的县级以上特殊行政区划，由各省级普查办汇总后报国务院普查办核准后统一更新。

省级普查办组织对县级以上特殊区划新增情况汇总，说明特殊区划名称、区划级别、包含的下级区划等，由国务院普查办审定通过后统一处理。经处理完成后的特殊区划将拥有独立普查机构账户开展普查工作。

当设定特殊区划后，特殊区划的边界为该特殊区划下级范围合集。

特殊区划并不改变原有行政区划，特殊区划与行政区划存在一一对应关系。

（三）任务分工

各行业或地方部门如果有精度更好、时相更新的地图服务，可向国务院普查办提出申请，按统一的标准发布成服务，并进行服务的接入集成，与国家层面提供的工作底图进行叠加使用，共同支撑本地普查工作开展。

（四）底图更新

基础底图中的"天地图"服务、0.8 m分辨率影像服务的更新方式为"天地图"服务，与应急管理部EGIS平台保持同步更新，0.8 m分辨率影像服务由应急管理部进行统一更新。普查区划服务根据普查区划分的工作成果进行同步更新。

二、软件系统建设

全国自然灾害综合风险普查软件系统充分利用云计算、大数据、移动互联网等先进技术，按照统筹规划、业务主导的总体原则开展系统的建设。为支撑风险普查业务模式，在应急管理部建设主系统，在自然资源部、生态环境部、住房城乡建设部、交通运输部、水利部、气象局、林草局、地震局等多个行业部门和单位建设分系统。系统应用架构图如图1-1所示。

为满足全国自然灾害综合风险普查的各方面工作需求，软件系统建设需要围绕"分级分业调度管理、一体化内外业采集、精细化质检与核查、多灾种风险评估与区划、跨层级跨部门共享与分发、智能

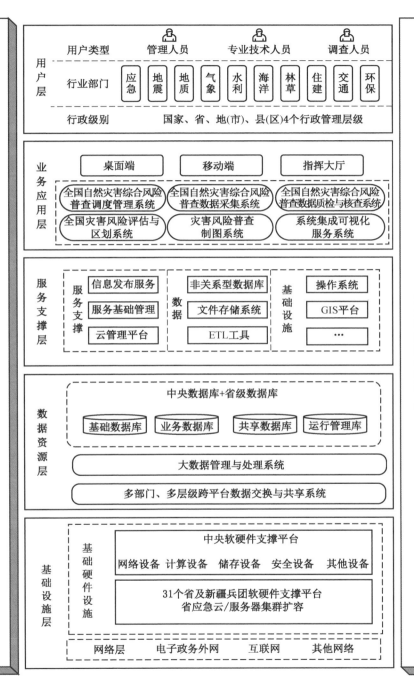

图 1-1 系统应用架构图

化制图与多终端可视化"六大核心能力开展建设。调查阶段使用调度管理系统、数据采集系统、数据质检与核查系统三大模块。

（一）调度管理系统

面向国家、省、市、县4个行政管理层级以及应急管理、地震、地质、气象、水利、海洋、林草、住房和城乡建设、交通运输、生态环境等行业部门，形成分级分业调度管理能力，能够对全国自然灾害综合风险普查工作中外业采集、内业采集、风险评估等实施精细化过程管理，对普查任务、普查成果、保障资源等进行分级分业管理，通过对各项关键数据进行统计分析以及多维全景式可视化呈现，满足各级各部门任务监督、任务调度、进度管理等功能需求，为各级各部门普查工程管理人员提供全面、准确的信息及决策支持。

调度管理系统功能与用户对应关系见表1-3。

表1-3 调度管理系统功能与用户对应关系

系 统 名 称	国家级	省级	市级	县级
"互联网+"灾害风险普查项目管理分系统	√	√	√	√
"互联网+"灾害风险普查任务调度分系统	√	√	√	√
项目进度监控与绩效评估分系统	√	√	√	√

（二）数据采集系统

内业采集方面，充分利用应急管理、地震、地质、气象、水利、海洋、林草、住房和城乡建设、交通运输、生态环境等行业已有的普查、调查数据库和业务数据资料，按致灾因子、承灾体、历史灾害、综合减灾能力、重点隐患等灾害信息类型进行汇集、格式清洗及标准化，并统一整理入库。外业采集方面，利用各类调查要素的空间矢量要素底图，通过现场调查与复核等多样技术手段，全方位、多粒度采集各类灾害属性信息，形成完备的信息资源目录。

数据采集系统功能与用户对应关系见表1-4。

表1-4　数据采集系统功能与用户对应关系

系 统 名 称	国家级	省级	市级	县级
各行业（承灾体、历史灾害、综合减灾能力等）调查分系统	√	√	√	√
外业采集 App	√	√	√	√
普查区划分系统	√	√	√	√
空间信息制备分系统	√			

（三）数据质检与核查系统

按照分类校验规则，对地震、地质、气象、水旱、海洋、森林和草原火灾等主要灾害的致灾危险性调查数据，对承灾体、历史灾害、综合减灾能力、重点隐患等综合要素调查数据的质量进行检查和评价，包括对各类调查要素的空间矢量信息及灾害风险属性信息的正确性、完整性、规范性、逻辑一致性等进行检查。按照行业主管部门普查任务分工以及国家、省、市、县四级政府普查任务的组织实施要求，对各级各类组织实施主体普查任务的完成情况及其质量进行核查和验收。能够支持抽查、核查等多种技术手段实现对各层级各部门普查项目质量分布、执行验收等核心要素的精细化把控。

数据质检与核查系统功能与用户对应关系见表1-5。

表1-5　数据质检与核查系统功能与用户对应关系

系 统 名 称	国家级	省级	市级	县级
各行业（承灾体、历史灾害、综合减灾能力等）质检与核查分系统	√	√	√	√
外业核查 App	√	√	√	√
空间要素信息质检与核查分系统	√			

第二章　调查组织实施

风险普查工作按照"全国统一领导、部门分工协作、地方分级负责、各方共同参与"的原则组织实施。此次普查中调查类任务主要以县级或地市级部门为责任主体开展。调查类任务涉及范围广、内容多，既有专业性强、必须依靠专业技术人员开展的调查，也有涉及面广、必须广泛动员社会力量开展的调查。因此，调查工作必须坚持地方党委、政府统一领导，承担调查任务的职能部门分工协作，确定合理的组织实施方式，既要充分发挥行业部门专业优势，"专业人干专业事"，科学选择第三方技术团队，又要充分发挥乡镇（街道）、村（社区）等地方基层组织的作用，减少调查成本，提高调查效率。

第一节　行业部门的组织实施

一、应急系统组织实施

应急管理部充分发挥调查工作的牵头抓总作用，组织有关部门，按照职责分工开展各类调查对象的清查、调查、数据质检与核查工作。

（一）主要任务

应急系统调查任务主要包括清查、调查、数据质检与核查。

1. 清查

通过清查工作，形成调查对象的名录、基本信息和空间分布情况，以此摸清调查对象底数，规范界定各类普查报表的实施范围，估计调查工作量，支撑形成调查工作组织实施方案，确保调查工作的顺利实施。

2. 调查

利用内外业调查等工作形式，采集各类调查对象的相关属性信息和空间位置、轮廓信息。在调查过程中，再次核对、清查阶段调查对象缺失、错误等情况，并进行修改和补充，并对采集的各类调查信息同步开展人工质检和软件质检。

3. 数据质检与核查

对调查数据的完整性、规范性、准确性进行质检核查。质检与核查的工作方式和技术手段包括人工质检、软件质检、抽样核查和重点督查等。人工质检和软件质检，主要指在信息采集过程中和区域信息汇总后，通过人工及软件的方式对调查信息进行质量检查。人工质检主要包括与相关底数进行比对、专家质检、会议研讨等方式；软件质检主要通过普查质检系统提供的指标填报规则、逻辑关系判断、异常值分析等功能开展质检，对于软件质检发现的问题，要通过人工质检进行确认和处理。抽样核查和重点督查，即上级部门利用抽样方法确定核查对象，或者依据发现的重点问题确定核查对象，对下级提交调查结果进行核查。人工质检和软件质检发现的共性问题和重点问题，是开展现场抽样核查和重点督查的重点对象。质检与核查发现的问题，要及时进行反馈和处理。

（二）实施主体

应急系统调查任务实施主体为省、市、县三级应急管理部门，协调组织相关组织填报部门、调查对象等参与调查工作。

1. 省、市、县三级应急管理部门

应急管理部门负责明确本地区调查任务和分工安排；负责协调组织、跟踪督促相关组织填报部门共同完成调查任务；负责汇总各行业调查数据，组织开展综合性质检与核查；负责向上级提交质检与核查后的调查成果数据。

县级应急管理部门是清查、调查任务具体落实的组织主体，并组织实施县级调查数据自检工作。市级、省级应急管理部门负责调查数据成果的汇总、质检与核查，并落实属于市级、省级应急管理部门责任的相关调查任务。

2. 相关组织填报部门

相关组织填报部门是调查任务组织实施的参与部门。

县级相关组织填报部门负责协助县级应急管理部门明确本地区调查任务和分工安排；负责本行业调查工作的组织实施；负责组织相关调查对象完成清查、调查和过程中自检工作；负责汇总本行业数据，按照要求完成调查数据的相关质检与核查程序。市级、省级相关组织填报部门参与调查数据成果的质检与核查工作，并落实属于市级、省级部门责任的调查任务。

3. 调查对象

各类调查对象是完成清查、调查任务的主体。依据《中华人民共和国统计法》，国家机关、企业事业单位和其他组织以及个体工商户和个人等统计调查对象，必须依照《中华人民共和国统计法》和国家有关规定，真实、准确、完整、及时地提供统计调查所需的资料，不得提供不真实或者不完整的统计资料，不得迟报、拒报统计资料。

调查对象在各组织填报部门的组织指导下，按照相关调查技术规范自行完成调查工作，可依托调查软件系统直接填报并提交数据，也可向组织填报部门提交纸质调查表格。对于质检与核查发现的问题，要及时进行修改补充。

应急管理部门和各组织填报部门根据调查工作需要，可以聘用专兼职人员，或第三方机构（科研院所、高校、技术公司和社会组织等）参与调查工作，重点是协助有关部门汇总数据、参与质检与核查等工作，但不能代替各组织填报部门和调查对象开展调查数据的填报和质检工作。

（三）工作流程

应急系统调查任务工作流程主要分为准备阶段、清查阶段、调查阶段、质检与核查阶段。

1．准备阶段

1）确定组织实施方式

根据国家确定的调查任务实施方案，省级应急管理部门牵头负责确定省、市、县三级和行业部门任务分工，形成省级实施方案；市级应急管理部门根据省级方案，形成本地区调查任务落实方案；县级应急管理部门在省、市两级方案的基础上，会同有关组织填报部门确定不同行业调查任务的组织实施方式，重点确定部门分工以及调查对象的组织模式。清查工作结束后，如需要可根据清查结果对实施方案作必要的调整完善。

2）调查工作的培训

应急管理部门会同组织填报部门应开展必要的业务培训。省级应急管理部门负责对市、县管理人员开展培训，县级应急管理部门和组织填报部门负责对调查对象、调查员和调查指导员开展培训。

2．清查阶段

1）调查对象名录的收集

各级应急管理部门会同同级各组织填报部门，按照清查规范要求的调查对象范围，充分利用已掌握的相关名录信息作为清查的底数，开展必要的信息补充和完善，全面摸清调查对象目录、基本情况和分布情况，确保调查对象不重不漏。

2）清查结果县级自检

各级组织填报部门针对清查结果开展人工质检和软件质检，并对发现的问题进行处理，提交同级应急管理部门。县级应急管理部门针对空间位置属于本区域的各行业数据（既包括县级清查结果，也包括市、省两级清查结果），按照"在地统计"原则开展综合性质检，以乡镇（街道）为单位，组织乡镇（街道）对所辖区域的各类调查对象清查名录和位置信息进行核实。县级应急管理部门针对发现的问题应及时反馈给相关部门进行处理。

3）清查结果市、省两级质检与核查

清查结果汇总上报后，市级、省级应急管理部门要协调相关组织填报部门重点针对调查对象重复、遗漏等问题进行质检与核查。

3. 调查阶段

按照"在地统计"原则，由县级应急管理部门会同各组织填报部门，组织所有空间位置属于本区域的调查对象采集调查信息，直接填报到调查软件系统或提交纸质表格。市级、省级应急管理部门和相关组织部门应针对县级以上各级别所属企事业单位的填报予以协调支持。

4. 质检与核查阶段

1）调查结果县级自检

（1）调查对象过程中质检。在信息采集过程中，调查对象及调查员开展人工质检和软件质检，调查对象单位负责人、统计负责人要对填报信息严格把关，对于软件质检发现的问题，要及时进行处理，完善填报信息。通过人工质检和软件质检后的调查数据才可正式提交。调查对象单位应从采集系统下载相关填报表格，单位负责人、统计负责人、填报人签字，单位盖章后留存备查。

（2）组织填报部门质检。组织填报部门针对本行业汇总数据，利用普查质检软件提供的质检功能，进行批量软件质检；组织有关工作人员、专家或召开会议对汇总数据进行人工质检，并处理软件质检发现的问题。对软件质检和人工质检发现的问题，及时反馈给调查对象进行问题核实、处理。质检工作结束后，由软件系统自动生成工作报告，下载核对并补充修改完善后，组织填报单位相关负责人签字、单位盖章后上传系统，连同调查数据一并提交同级应急管理部门。

（3）应急管理部门综合性质检。应急管理部门汇总各行业数据后，利用普查质检软件提供的质检功能，进行批量软件质检；组织有关工作人员、专家或召开会议对汇总数据进行人工质检，并处理软件质检发现的问题。对软件质检和人工质检发现的问题，及时反馈给相关组织填报单位进行问题核实、处理。质检工作结束后，由软件系统自动生成工作报告，下载核对并补充修改完善后，县级应急管理部门相关负责人签字、单位盖章后上传系统，连同所有行业调查数据统一提交上级应急管理部门。

2）调查结果市、省两级质检与核查

市级、省级汇总本区域调查数据后，利用普查质检软件提供的质检功能，进行批量软件质检；组织有关工作人员、专家或召开会议对汇总数据进行人工质检，并分析研究软件质检发现的问题。对软件质检和人工质检发现的问题，及时反馈给县级应急管理部门，下级应急管理部门会同相关组织填报部门进行问题核实、处理。质检工作完成后，对下级调查数据成果开展抽样核查工作，按照所有下级单元全覆盖的原则，利用普查质检系统抽样确定核查对象，组建核查队伍，赴相关区域开展内外业核查工作，核查结果及时反馈给各下级应急管理部门，下级应急管理部门会同相关组织填报部门进行问题核实、处理。市级、省级质检与核查工作全部结束后，由软件系统自动生成工作报告，下载核对并补充修改完善后，应急管理部门相关负责人签字、单位盖章后上传系统，连同本级质检与核查后的各类调查数据统一提交上级应急管理部门。对于人工质检和软件质检发现的突出问题，以及其他渠道了解掌握的突出问题，可以以重点督查的方式对调查数据成果进行重点核查。

二、地震系统组织实施

中国地震局建立上下贯通的工程实施组织机构，充分发挥中国地震局自然灾害防治重点工程工作专班、全国技术专家组、地方任务指导组等工作机构职能作用。成立地震灾害风险普查项目管理办公室，明确主要职责及组成人员。31个省局全部成立省级实施管理机构，制定管理规章制度，明确负责部门与业务团队，建立省局与本级普查办管理与业务沟通机制，有效推动地方任务落实。项目管理办公室通过建立全国联络员制度、每周例会制度、每周进展报送制度和指导督导制度，形成有效的调度管理和指导督促机制，全面掌握各地普查工作进度。

三、自然资源系统组织实施

自然资源部确定 1067 个风险普查县（市、区）的具体名单，督促指导各省倒排工期，明确关键环节及完成时间节点，确保按期全面完成地质灾害风险普查成果的审核与汇交工作。各省（自治区、直辖市、新疆生产建设兵团）自然资源主管部门均建立地质灾害普查工作领导小组开展地质灾害风险普查专项工作，明确责任主体、运行机制、保障机制及各项规章制度，层层压实责任，细划任务分工，优选实施队伍，统筹协调工作进度，落实资金和服务保障，确保普查任务按时保质保量完成。

海洋预警监测司强化组织领导，健全工作机制，组建全国海洋灾害风险普查工作组，设立海洋灾害调查与评估、信息系统与成果审核汇交等技术小组为各级普查工作提供技术指导。省、市、县各级海洋主管部门均成立普查领导小组或工作专班，保障普查工作有序推进。探索形成了"国家统一部署、部门专业指导、省级统筹推进、市县具体落实"的实施模式。

四、气象系统组织实施

气象灾害综合风险普查分国家级、省级、市级和县级四级实施。

（一）国家层面

负责制定《全国气象灾害综合风险普查实施方案》；负责气象灾害风险普查技术规范、培训教材编制和技术培训；负责指导地方开展气象灾害风险普查工作，协助指导历史气象灾害与行业减灾能力调查；负责承担全国尺度气象灾害风险评估、风险区划工作；加工整理历史气象灾害调查评价成果数据；建设气象灾害调查数据采集、数据成果审核汇总、风险评估等软件系统，审核汇集省级成果数据，按要求统一汇交全国气象灾害普查成果。

（二）省级层面

编制本地区气象灾害风险普查实施方案；组织开展本地区普查宣

传和培训工作；组织开展本地区普查数据收集、整理、审核、分析，为市、县两级提供全省气象灾害致灾因子数据；负责本省及市、县三级（省级以下致灾危险性评估及风险评估工作由本省研究确定是否开展）气象灾害风险评估和区划研制工作；负责本地区普查数据成果审核汇集，形成省级气象灾害风险普查成果。

（三）市级层面

负责承担不设气象机构的县（区）的气象灾害风险普查工作；负责指导本地区所属市、县开展气象灾害风险普查工作；负责本地区普查数据成果审核汇集，协助省级开展气象灾害风险评估与区划工作，形成市级气象灾害风险普查成果。

（四）县级层面

根据省级提供的气象灾害致灾因子数据，负责本地区气象灾害致灾因子（气象数据）的审核、补充、上报、汇交。通过整理历史灾情资料、档案查阅、现场勘查（调查）、与其他部门共享普查信息等方式获取本地区历史气象灾害信息，开展历史气象灾害信息的校对、补充和上报。加强与本级政府和相关部门的沟通，获取承灾体信息并上报。协助省级开展气象灾害风险评估与区划工作，形成县级气象灾害风险普查成果。

五、生态环境系统组织实施

生态环境部核与辐射安全中心成立专项工作组，下设技术组、调查组、软件组、教材编写组，承担核设施自然灾害风险普查全面技术支持工作。印发《关于做好民用核设施、重点核技术利用单位自然灾害重点隐患调查工作的通知》，明确工作要求，建立联络机制，要求核设施、核技术利用各单位分别确定普查员、质量审核员做好现场调查和数据、资料质量交叉审核工作，确保普查质量。将普查工作列入技术支持单位（核与辐射安全中心）重点工作督办事项，并建立工作月报制度，每月形成进展报告。

六、水利系统组织实施

水利部成立由水旱灾害防御司、水文司、水利部信息中心、水利部水利水电规划设计总院、中国水利水电科学研究院等司局和单位组成的水旱灾害风险普查项目组和技术专家组，强化普查工作的组织领导、顶层设计和技术支撑，统一实施中央层级水旱灾害风险普查任务，统筹推进行业普查任务、专项试点任务等重点工作。印发《关于做好 2021 年水旱灾害风险普查工作的通知》，明确普查关键任务和完成时间节点，强化责任落实，对普查组织管理、工作开展和进度督导等提出细化、具体要求。建立周调度、月通报、半月例会等配套工作机制，细化管理环节、落实工作要求，有力有序有效推进普查各项工作。

七、林草系统组织实施

国家林草局成立森林草原火灾风险普查领导小组，组建技术支撑团队，全面组织和协调全国森林草原火灾风险普查工作。省、市、县各级林草部门成立工作领导小组和工作专班，支撑本地区普查工作的开展，形成"事有人管、活有人干、责有人担"的工作机制。组建普查技术团队，建强普查工作组、技术组、检查组，细化责任分工，6 个直属院分片负责全国各省技术指导和支撑保障。其中，技术组由规划院牵头组建，由直属六院业务骨干、森林资源监测、防火预警领域专家 50 余人组成。相关专家深入试点现地一线，通过现地试验，与调查队员进行现场交流，总结凝练，进一步优化各类调查指标，简化调查方法。技术组在重点领域进行科技攻关，形成森林载量回归模型、机器学习、遥感定量反演等技术相结合的建模体系。技术专家通过公众号、微信群、邮件、电话等渠道，发布和解答技术要求、注意事项，保障各省级单位充分熟悉和掌握普查内容、普查技术要求。

八、住建系统组织实施

住建系统普查工作按照"全国统一领导、部门分工协作、地方分级负责、各方共同参与"的原则组织实施。住房和城乡建设部负责房屋建筑和市政设施调查实施方案、技术标准规范、培训教材编制；负责建设数据采集及核查汇总等软件系统；指导地方开展技术培训和调查工作，按职责分工复核省级调查数据，汇总形成全国房屋建筑和市政设施调查成果并按要求统一汇交。

在省级普查领导小组及其办公室的领导下，承担房屋建筑和市政设施调查工作的省级人民政府有关部门负责编写本省（区、市）灾害综合风险普查总体方案的相关内容，编制本省（区、市）房屋建筑和市政设施调查实施方案；组织开展本省（区、市）调查技术培训；负责本省（区、市）调查数据汇交和质量审核，形成省级调查成果并按要求汇交。

在地市级普查领导小组及其办公室的领导下，承担房屋建筑和市政设施调查工作的地市人民政府有关部门负责编写本地区房屋建筑和市政设施调查任务落实方案；组织开展本地市调查技术培训，指导县级人民政府具体实施调查；负责本地区调查数据汇交和质量审核，形成地市级调查成果并按要求汇交。

调查工作以县级行政区为基本工作单元（直辖市以区为基本工作单元，市政供水设施调查以地级以上城市为基本工作单元）。县级人民政府负责协调组织相关部门，并充分发挥乡镇人民政府（街道办事处）、村（居）民委员会等基层组织作用，协同开展房屋建筑和市政设施调查工作。在县级普查领导小组及其办公室的领导下，承担房屋建筑和市政设施调查工作的县级人民政府有关部门具体组织开展调查人员培训、内业资料整理、外业信息采集、数据质量审核等工作。其中，有关工作依托乡镇人民政府（街道办事处）、村（居）民委员会等基层组织进行的，要加强对具体采集人员的培训，确保第一手数据的质量。有条件的地区将有关工作以政府购买服务的方式委托第三方机构进行的，加强对第三方机构专业能力的审查，优先选用具有建设工程勘察设计、施工、监理资质的机构，房屋鉴定、检测、房地产评估机构，或具有同等专业能力的机构，原则上应由专业技术队伍承担专业工作。所有调查人员应持证上岗。

国家级经济技术开发区、高新技术产业开发区、旅游度假区、保税区等各类特定区域的调查工作，由所在省份结合本地实际统筹部署。

在各级普查领导小组及其办公室的领导下，各级自然资源、教育、卫生、体育、工信、公路、铁路、民航等行业主管部门配合提供本行业领域涉及房屋建筑和市政设施的已有业务数据资料，配合做好相关的外业信息采集工作。

房屋建筑和市政设施调查流程如下。

（一）制定实施方案

国务院普查办统一编制《第一次全国自然灾害综合风险普查总体方案》《第一次全国自然灾害综合风险普查实施方案（修订版）》和配套的相关技术标准规范等技术文件，住房和城乡建设部作为国务院普查领导小组成员单位，负责编制总体方案、实施方案和配套的技术文件中房屋建筑和市政设施调查相关内容，制定房屋建筑和市政设施调查实施方案。省级普查办按照要求，结合本地区实际，统筹本地区地市级、县级普查任务，编制普查方案和实施细则。省级人民政府房屋建筑和市政设施调查责任部门按照本省普查办的统一部署，配合编制省级普查方案和实施细则中的相关内容，以及省级房屋建筑和市政设施调查实施方案。市、县级人民政府房屋建筑和市政设施调查责任部门按照要求，结合本地区实际，统筹考虑地市级、县级房屋建筑和市政设施调查任务，编制本地区落实方案。

（二）软件系统建设与部署

房屋建筑和市政设施调查全程采用信息化工作模式。住房和城乡建设部负责建设全国房屋建筑和市政设施调查软件系统，在住房和城乡建设部和省级人民政府住房和城乡建设主管部门两级进行部署，地市和县区用户基于相应的用户权限进行远程访问。软件系统由全国房屋建筑和市政设施数据采集系统、全国房屋建筑和市政设施数据质检与核查系统、全国房屋建筑和市政设施国家级数据库系统构成。

省级住房和城乡建设主管部门应保障软件系统在省级部署所需的硬件设施、网络资源和安全环境，确保软件系统和数据处理工作的安全、正常运行。

各级承担房屋建筑和市政设施调查任务的有关部门应保障必要的数据处理办公环境和网络条件，采取必要的安全措施，确保数据处理工作的安全、正常进行。

试点阶段，软件系统由部级提供支撑，并在有条件的省份先行部署，试点市、县远程访问。全面调查阶段开始前，各省（区、市）完成软件系统的省级部署，支撑地市和县区远程访问。

（三）工作底图制备

住房和城乡建设部组织开展房屋建筑调查工作底图的制备。按照国务院普查办的要求，组织实施提取全国范围房屋建筑单体面矢量数据和市政设施线矢量数据，作为房屋建筑和市政设施调查的工作底图，加载至软件系统后下发到省级。

省、市、县级人民政府房屋建筑和市政设施调查责任部门如拟使用自有的遥感影像或矢量数据，可以在工作底图制备过程中向住房和城乡建设部提交，整合纳入统一的工作底图。工作底图制备完成并下发后，原则上不得替换。

（四）调查区域划分

调查工作以县级行政区为基本工作单元（直辖市以区为基本工作单元）。县级人民政府房屋建筑和市政设施调查责任部门根据本地区实际情况，合理划分工作区。

（五）基础数据内业整理

根据调查任务及内容需求，全面清查与梳理各相关部门现有数据资料，形成《房屋建筑及市政设施调查基础资料清单》。相关资料包括但不限于城建档案资料、物业管理资料，以及自然资源、教育、卫生、体育、工信、公路、铁路、民航等各行业主管部门掌握的涉及房屋建筑和市政设施的基础数据。农村房屋调查应充分利用农村房屋安全排查获取的数据，以及农村危房改造、农房抗震改造等档案资料，易地扶贫搬迁、生态移民和避险搬迁等各类农房改造重建等工程建设档案资料。

各级人民政府房屋建筑和市政设施调查责任部门组织对收集的基础资料进行内业整理汇总和分析解译，提取房屋建筑和市政设施调查所需的信息，录入调查软件系统。

（六）调查人员培训

通过现场集中授课、网络辅助培训、培训考核与认证的方式，对各级人民政府房屋建筑和市政设施调查责任部门的行政负责人、组织实施的管理人员、实施调查工作的技术人员、外业信息采集人员及其他与调查工作密切相关的各类工作人员进行综合培训。主要培训内容如下：

（1）普查工作的总体目标、内容、技术方法、流程、实施进度和成果验收等。

（2）承灾体调查工作的目标、任务、内容、流程、技术方法和成果要求。

（3）各项调查工作表的结构、指标说明和填报要求。

（4）多种数据的采集方法，空间信息制备与数据处理，软件平台的操作使用。

（5）调查工作中，各级各环节质量控制的基本要求和管理。

（七）外业采集任务交底与事先摸底

1. 任务交底

县级人民政府房屋建筑和市政设施调查责任部门应组织对具体承担外业信息采集的人员进行任务交底，明确任务目标、数据指标、质量要求、进度要求等。

2. 事先摸底

具体承担外业信息采集的人员应事先在软件系统中了解所负责地

区的地域范围、对象数量和分布情况。

（八）外业信息采集

房屋建筑和市政设施外业信息采集人员现场采集信息，填入调查软件系统移动端。

（九）数据质量自检

县级人民政府房屋建筑和市政设施调查责任部门，采取软件质检与人工核查相结合的方式，对本级产生的调查数据、图件和文字报告的完整性、规范性、准确性进行自检。数据质量自检合格后，形成完整的质量检查报告，与调查数据一并汇交。

（十）数据汇交与质量审核

1. 数据汇交

（1）纵向汇交。各级人民政府房屋建筑和市政设施调查责任部门将本级产生的和下级汇交的调查数据纵向汇交至上一级人民政府房屋建筑和市政设施调查责任部门。

（2）横向汇交。各级人民政府房屋建筑和市政设施调查责任部门将本级产生的和下级汇交的调查数据横向汇交至同级普查办。如按上级部门的审核意见对数据进行了修改更新，则及时向本级普查办汇交修改更新后的数据。

2. 数据质量审核

上级人民政府房屋建筑和市政设施调查责任部门依据相关技术规范，采取软件质检、人工核查等方式，对下级部门汇交的数据进行质量审核，形成质量审核结果并向下级部门反馈。对未通过审核的数据或成果，要求下级在规定时限内完成修改更新和再次汇交。

九、交通运输系统组织实施

交通运输部成立自然灾害综合风险公路水路承灾体普查领导小组及办公室，定期组织召开领导小组办公室会议和全国联络员视频会议，加强普查工作的调度，根据每周普查工作进度统计情况，"一对一"联络和提醒，指导全国公路水路承灾体普查工作扎实推进。动员行业基层养护队伍、养护人员，利用其熟悉行业、熟悉风险情况的特点，在保证按进度计划完成数据采集任务的前提下，确保数据采集阶段工作质量。各省、市交通运输主管部门，根据本地实际情况和管理体制机制，委托本地技术支持单位或由主管部门技术人员负责等不同方式开展质量检查等工作。

第二节 普查办统筹协调

国务院普查办设在应急管理部，承担领导小组的日常工作，负责普查业务指导和监督检查。下设综合组、调查与数据组、评估组、软件系统与数据库组、成果应用组。建立普查办工作制度和机制，完善了普查办工作规则，每周召开普查办主任办公会，每月召开普查办全体会议和省级普查办主任暨技术组会议，研究解决组织实施、技术体系构建、部门数据汇交共享、软件协同建设和省级部署等重点事宜，定期印发工作简报通报普查工作进展情况。成立由各主要行业部门专家组成的普查办技术组，印发《国务院第一次全国自然灾害综合风险普查领导小组办公室技术组管理办法（试行）》，进一步明确技术组工作机制、人员组成、工作职责及会议制度。

地方各级党委、政府高度重视自然灾害综合风险普查工作，省、市、县政府领导担任普查领导小组组长，落实普查工作的主体责任，将普查工作列入年度重点工作，构建普查工作机制和体系，形成政府领导、普查办统筹协调、各行业部门协同推进的普查工作格局。全国所有省份、市（地、州）、县（市、区）全部成立普查领导小组及其办公室，政府领导担任领导小组组长，普遍建立了专职管理队伍和技术团队，选聘200余家技术支撑单位承担普查技术类任务负责技术统筹和把关作用，形成了高位推动、协同推进普查工作的良好格局。

一、技术组织

国务院普查办组织编制印发《第一次全国自然灾害综合风险普

查总体方案》，明确各部门的主要职责与任务分工。编制印发《第一次全国自然灾害综合风险普查实施方案（修订版）》，明确普查内容与技术流程，测算各部门和各地区普查工作任务量，各地区根据各自实际核定普查任务量，作为普查工作的总依据。建立普查技术规范体系，印发技术规范，指导各地区组织编制省级实施方案；推进普查软件系统的论证与开发建设，编制完成《普查软件系统协同建设方案》。印发《普查数据（成果）汇交与质量审核办法（试行）》和《普查数据共享管理办法（试行）》，明确各部门普查成果汇交与共享流程、质量审核机制、数据安全保障等内容。

二、制度建设

加强工作组和技术组管理，建立工作制度和会议机制，定期研究推动普查工作；建立重点工作月报制度，每周印发工作动态，每月底总结完成情况，加强对普查办重点工作的落实跟踪与监督考核工作；建立普查工作责任追究工作规则，对普查工作走过场、措施不到位、进展缓慢的地区、部门，定期通报、视情约谈，督促限期整改；根据工作需要不定期收集整理各部门、各地的工作问题反馈，及时研究解决存在的问题。

三、调查进度跟踪

国务院普查办摸排各行业工作部署和时间节点，对接形成调查进度指标体系，下发《国务院第一次全国自然灾害综合风险普查领导小组办公室关于加快推进全面调查工作的通知》，明确行业部门完成数据采集、质检与核查和数据汇交的时间节点要求。将各行业部门进度指标体系嵌入普查调度系统的统计展示和分析模块，健全全面调查工作周报制度，以调度系统中各行业推送的数据为基础进行分析，通过片区交流、定点沟通等方式查找重点行业和落后地区存在的突出问题，利用工作简报、视频调度会等形式对调查进度落后的行业和地区给予督促提醒和指导。

　　由于各行业开展调查工作的任务部署和组织实施方式各有不同，每个行业的进度计算方式也不尽相同（表2-1）。各行业的进度数据基本都涵盖了数据采集、逐级质检审核和行业内纵向汇交的环节。进度展示如图2-1所示。

表2-1　各行业普查调查进度计算方法

行业	最小统计单元	各级进度计算方法
地震	省级	省级总进度=五项调查任务进度的平均值，其中，现有地震活断层数据库建设和地震工程地质条件钻孔基础数据库建设的进度中，资料收集占40%，数据整理入库与省级自检占40%，纵向汇交、完成国家级质检占20%；1∶250000地震构造图和县级1∶50000活动断层分布图的进度中，资料收集占40%，数据入库、编图与省级自检占40%，纵向汇交、完成国家级质检占20%；房屋抽样调查的进度中，完成房屋调查总量与入库占比90%，纵向汇交完成国家级质检占比10%； 国家级五项调查任务的进度=各省分项指标的平均值； 国家级总进度=五项调查任务的平均值
地质	县级	县级进度中，招投标工作占20%，野外采集占40%，成果编制验收占20%，纵向汇交占20%； 国家、省、市各级进度=下辖各县进度的平均值
气象	县级	县级进度=提交所有亚灾种的数据占应提交数据的比例×80%+自检比例×20%； 国家、省、市各级进度=下辖县提交所有亚灾种的数据占应提交数据的比例×80%+逐级质检审核比例×20%
水利	省级	省级总进度=省级三项调查任务的平均值，其中，省级三项调查的进度均为数据填报率×70%+质检审核率×20%+成果汇交率×10%； 国家级总进度=（洪水致灾调查+干旱致灾调查+洪水隐患调查）/3，其中，洪水致灾调查=省级进度×50%+流域进度×40%+水利部进度×10%，干旱致灾调查=省级进度×60%+水利部进度×40%，洪水隐患调查=省级进度×70%+流域进度×20%+水利部进度×10%

表 2-1（续）

行业	最小统计单元	各级进度计算方法
海洋	县级	县级总进度=七项调查任务进度的平均值，其中，每项调查任务的进度=调查类成果入库并通过国家级质检占总量的比例； 市级七项调查任务的进度=各县分项指标的平均值，市级总进度=市级七项调查任务的平均值； 省级七项调查任务的进度=各市分项指标的平均值，省级总进度=省级七项调查任务的平均值； 国家级七项调查任务的进度=各省分项指标的平均值，国家级进度=国家级七项调查任务的平均值
林草	县级	县级总进度=（森林可燃物标准地调查+森林可燃物大样地调查+草原可燃物调查+森林和草原野外火源调查+历史森林和草原火灾调查+森林和草原火灾减灾能力调查的完成率）/6，其中，完成率应包括填报和质检环节； 国家、省、市级总进度=该级别六项调查任务的平均值
交通	省级	交通总进度=公路调查进度×70%+水路调查进度×30%，其中，公路进度中，基层采集占60%，省、市级质检与核查占40%，水路进度中，基层审核（含采集）占60%，市级审核30%，省级审核7%，部级审核3%，上述计算方式均适用于国家、省两级
住建	县级	县级进度=［（房屋已采集栋数/房屋图斑总数×80%+市政道路已采集里程/市政道路应采集里程×12%+市政桥梁已采集座数/市政桥梁应采集座数×8%）×60%+是否完成县级自检并汇交×10%］/0.7-1%+是否完成供水设施数据汇交×1%； 市级进度=［（房屋已采集栋数/房屋图斑总数×80%+市政道路已采集里程/市政道路应采集里程×12%+市政桥梁已采集座数/市政桥梁应采集座数×8%）×60%+完成自检并汇交的县个数/市所辖县总个数×10%+是否完成市级质检×5%+是否完成市级核查并汇交×10%］/0.85-1%+是否完成供水设施数据汇交×1%；

表 2-1（续）

行业	最小统计单元	各级进度计算方法
住建	县级	省级进度＝[（房屋已采集栋数/房屋图斑总数×80%＋市政道路已采集里程/市政道路应采集里程×12%＋市政桥梁已采集座数/市政桥梁应采集座数×8%）×60%＋完成自检并汇交的县个数/省（区）所辖县总个数×10%＋完成质检的市/省（区）所辖市总个数×5%＋完成核查并汇交的市/省（区）所辖市总个数×10%＋是否完成省级质检×5%＋是否完成省级核查上报×5%]/0.95－1%＋是否完成供水设施数据汇交×1%； 国家级进度＝（房屋已采集栋数/房屋图斑总数×80%＋市政道路已采集里程/市政道路应采集里程×12%＋市政桥梁已采集座数/市政桥梁应采集座数×8%）×60%＋完成自检并上报的县/县总个数×10%＋完成市级质检的市/市总个数×5%＋完成市级核查并汇交的市/市总个数×10%＋完成质检的省/32×5%＋完成核查并上报的省/32×5%＋完成部级质检与核查×5%－1%＋是否完成供水设施数据汇交×1%
应急	县级	县级进度＝[（已采集数据/应采集数据）×50%＋完成县级自检并上报×10%]/0.6； 直辖市进度＝（已采集数据/应采集数据）×50%＋（完成自检并上报的区县/区县总个数）×25%＋完成直辖市质检×15%＋完成直辖市核查上报×10%； 市级进度＝[（已采集数据/应采集数据）×50%＋（完成自检并上报的县/县总个数）×10%＋完成市级质检×10%＋完成市级核查×20%]/0.9； 省级进度＝（已采集数据/应采集数据）×50%＋（完成自检并上报的县/县总个数）×10%＋（完成质检的市/市总个数）×10%＋（完成核查并上报的市/市总个数）×20%＋是否完成省级质检×5%＋是否完成省级核查上报×5%； 国家级进度＝（所有已采集数据/应采集数据）×50%＋（完成自检并上报的县/县总个数）×10%＋（完成质检的市/市总个数）×10%＋（完成核查并上报的市/市总个数）×20%＋（完成质检的省/32）×3%＋（完成核查并上报的省/32）×4%＋完成部级质检与核查×3%

表 2-1（续）

行业	最小统计单元	各级进度计算方法
核安全	国家级	民用研究堆、核电厂、重点核技术利用单位和核燃料循环设施四项调查任务的进度＝已完成的调查对象×100%／应完成的对象总数； 国家级总进度＝已完成的四类调查对象总数×100%／应完成的四类对象总数，其中，完成率含部级审核环节

任务名称	国家 排名	北京	天津	河北	山西	内蒙古
˅ 气象	99.9%	100.0%	100.0%	100.0%	100.0%	99.9%
暴雨调查	100.0%	100.0%	100.0%	100.0%	100.0%	100.0%
冰雹调查	100.0%	100.0%	100.0%	100.0%	100.0%	100.0%
大风调查	100.0%	100.0%	100.0%	100.0%	100.0%	100.0%
低温调查	100.0%	100.0%	100.0%	100.0%	100.0%	100.0%
干旱调查	100.0%	100.0%	100.0%	100.0%	100.0%	100.0%
高温调查	100.0%	100.0%	100.0%	100.0%	100.0%	100.0%
雷电调查	100.0%	100.0%	100.0%	100.0%	100.0%	100.0%
台风调查	94.7%	0.0%	100.0%	100.0%	0.0%	0.0%
雪灾调查	99.9%	100.0%	100.0%	100.0%	100.0%	99.9%
沙尘暴调查	100.0%	0.0%	0.0%	0.0%	0.0%	100.0%

图 2-1　进度展示

四、调研与督导

国务院普查办加强督促指导、质量管控，通过召开普查办全体会议、省级普查办主任暨省级技术组会议、与行业部门召开专题会议的方式，赴地方调研，研究推进全国普查工作；建立对主要行业部门和地方的分片联系指导工作制度，强化组长、副组长工作职责，及时掌握各单位普查工作情况；建立健全普查工作评估制度，对全国普查工作开展阶段性评估，评估报告报自然灾害防治能力提升工程办公室备案，对住建、交通、林草等普查工作任务量及组织实施难度较大的行业部门以及北京、山东、甘肃等试点任务较重的省份开展普查工作实施情况评估，总结经验做法，分析存在的不足和问题，提出对策建议，精准把控普查质量。

第三章 调查成果质量控制

数据质量是普查工作的生命线。调查数据的缺失或质量不高直接影响评估工作的开展，甚至产生误导的评估结果，进而影响区划的科学性。因此，普查实行全过程数据质量控制，严格把控数据质量。调查数据与成果质量审核工作遵循行业部门分类审核、普查办综合审核相结合的原则，各级行业部门依据本行业的数据与成果质检、核查办法，采取软件质检、人工核查等方式，对本级产生的各类调查数据成果的完整性、规范性、准确性进行质量审核。国务院普查办和省级普查办依据普查数据与成果综合性审核技术规范，对各行业部门横向汇交的数据与成果进行综合性审核。

第一节 任 务 分 工

按照"全国统一领导、各行业共同参与、地方分级负责"的原则组织普查成果的质控工作。各行业部门负责中央本级实施的普查任务相关普查成果的质检，负责31个省（自治区、直辖市）和新疆生产建设兵团省级普查成果核查。

地方各级行业部门分别负责本级实施的普查任务相关普查成果的质检，负责本级下辖所有区域汇交的普查成果审核。省级普查办负责行业部门汇交的普查成果综合性审核。市、县普查办负责对本区域调查成果的质检工作进行检查，形成督导工作记录。

第二节 行业调查成果质量控制

一、应急承灾体、减灾能力、历史灾害调查成果质量控制

（一）质检、核查对象与内容

1. 对象

（1）质检、核查对象包括承灾体、历史灾害、综合减灾能力的所有调查对象。

（2）抽样核查对象是按规定比例抽取的调查对象样本。

（3）重点督查对象是存在共性和突出质量问题的调查对象。

2. 内容

应急管理系统调查成果质检、核查包括质检、核查和重点督查三部分。

（1）质检是指通过在软件里内置的质检规则和数据统计分析等质检功能全面检查数据的完整性、规范性、合理性和一致性，以人工质检的方式，全面检查数据来源的合理规范性、关键指标和调查对象空间信息的准确性等。

（2）核查是指通过抽样调查，采用外业为主、内业为辅的方式，核实数据的真实性和准确性。按照质检在前、核查在后，"统一协调、分步操作、分级实施"的流程开展。

（3）重点督查是根据实际工作需要开展，其核查程序与抽样核查中除抽样部分外的内容相同。

（二）质检、核查流程

1. 县级质检

1）调查对象单位填报自检

根据组织填报方式不同，可以分为两种质检模式：

（1）调查对象单位通过软件系统自主填报，即单个填报。调查对象单位利用普查软件填报数据，填报过程中采用即填即检的方式，

针对单个调查指标的规范性、一致性、完整性等，利用采集系统预置的质检规则进行检查，采集系统将不符合质检规则的填报内容即刻反馈给填报人员。填报人员根据系统反馈，修改数据，完成填报。调查对象单位对填报数据进行人工检查后提交，并在普查软件导出的纸质调查表上盖章确认，与原始资料一并存档备查，确保数据的真实性与准确性。

（2）行业部门批量导入软件系统。行业部门通过采集系统导出调查模板，分发给调查对象单位。调查对象单位填报完毕后，应及时对填报数据进行人工质检，然后提交行业部门。行业部门完成所有调查对象的数据收集汇总后，将调查数据（Excel 表）批量导入采集系统。采集系统采用批量自检的方式，将错误信息生成报错文件，由行业部门及时将报错文件反馈给相关调查对象单位。调查对象单位修改完成后再次提交，采集系统质检无误后完成填报。行业部门将完成质检的数据导出后，分发给调查对象单位，单位在纸质调查表上盖章确认，与原始资料一并存档备查。

2）行业主管部门质检

县级行业主管部门对所辖区域内本行业所有调查成果进行质检。首先，利用质检系统开展软件质检，重点检查表间逻辑性以及前期采集系统质检出现的问题，并结合人工质检的方式，对调查对象及调查指标的填报率、错填、遗漏等情况展开检查，将问题反馈给相关调查对象单位，责令整改。其次，可根据实际需要，组织数据质检工作协调会或专家评审等人工质检方式，对数据进行质量研判。质检工作结束后，由软件系统自动生成工作报告，下载核对后，行业主管部门相关负责人签字、单位盖章后上传系统，连同调查数据一并提交同级应急管理部门。

3）县级应急管理部门质检

县级应急管理部门对所辖区域内所有行业（包括应急管理部门）调查成果进行综合性质检。首先，县级应急管理部门要对调查成果的总体情况进行概查，利用软件和人工质检的方式，对调查对象及调查指标的填报率等总体情况进行检查；然后，根据实际需要，可组织质检协调会议、专家评审和相关机构交叉互查等，进行人工质检，确保调查成果的质量。质检工作结束后，由软件系统自动生成工作报告，下载核对后，县级应急管理部门相关负责人签字、单位盖章后上传系统，连同所有行业调查数据统一提交上级应急管理部门。

2. 市级质检、核查

1）市级质检

市级应急管理部门可以通过分发数据、组织质检协调会议或专家评审等方式，协调组织本级各行业主管部门，对县级上报的数据开展质检工作。如采用分发数据的方式，则需市应急管理部门根据本级行业部门职责，按需设置并分配账号，方便行业部门开展本行业数据审核工作，并将县级提交的调查数据分发至相关行业部门。完成质检工作后，市级应急管理部门在质检系统自动生成的市级应急管理部门质检工作报告（纸质版）上盖章确认并存档备查，然后转入核查程序。

2）市级核查

（1）核查对象。市级应急管理部门利用核查系统的抽样功能，确定本辖区内的核查对象。按照调查对象小类对本市所有调查对象单位进行分层，对每一县级单元和每一调查对象小类均按照 10% 的比例进行随机抽样，对于调查对象单位数量大于 1000 个（不包含家庭减灾能力）的县级单位抽样数量不少于 100 个。

（2）核查方法。核查工作以外业为主、内业为辅。

内业核查主要包括：①检查县级应急管理部门组织有关行业部门开展调查和自检过程中的各类工作文档；②检查被核查单位在开展调查工作过程中相关档案资料的完整性和调查指标数据的正确性。市级核查工作组以被核查单位提供的原始资料和支撑材料为基准，复核调查指标数据的正确性。

外业核查主要核查调查对象空间信息的准确性和调查指标数据的正确性。市级核查工作组利用应急管理部开发的风险普查外业核查App 软件，现场定位调查对象单位的空间位置，判断调查对象空间信息准确性；通过现场走访、座谈、查阅档案等方式，对照调查表复核调查指标数据的正确性。

（3）判定调查成果的正确性。根据内外业核查结果判定市级应急管理系统调查成果的正确性。以错误调查指标数据占核查的调查指标总数的比例为差错率，以差错率作为评价市级单位应急管理系统调查成果质量的依据。差错率计算公式为

$$H_r = \frac{N_{br}}{N_b} \times 100\%$$

式中　　H_r——差错率；

　　　　N_{br}——错误的调查指标数据个数；

　　　　N_b——核查的调查指标数据的总数。

（4）出具核查结论。核查过程中翔实填写调查成果整体评价表和核查记录表，对调查成果核查结果进行汇总、统计与分析后，出具核查结论。如果差错率小于5%，认为该市级应急管理系统调查成果质量合格；如果差错率大于或等于5%，认为该市级应急管理系统调查成果质量不合格。

（5）核查结果数据整改与复核。市级应急管理部门将核查结果反馈至县级应急管理部门：如果合格，县级应急管理部门组织相关行业部门、调查对象，根据核查结果对所有错误数据进行修正和完善后，上报市级应急管理部门。核查工作组对重新上报的数据进行复核，对修改后仍不合格的数据，返回被检县级管理部门再次修正，直至复核通过。如果不合格，县级应急管理部门组织相关行业部门、调查对象，根据核查工作组出具的整改意见，对本辖区内调查数据成果进行修订和完善后，上报市级应急管理部门。核查工作组再次对本辖区内调查数据成果组织抽样核查，直到调查数据合格。

（6）上报数据。辖区内所有应急管理系统调查成果通过核查后，将工作报告与调查数据一并提交至省级应急管理部门。

（7）家庭减灾能力调查成果核查。核查工作组在各县随机抽取部分社区（行政村），查阅家庭减灾能力调查过程中的留存文档或资

料，如家庭户抽样结果、录音、照片、影像等，检查工作过程的规范性，确保数据来源的真实性。

3. 省级质检、核查

1）省级质检

省级应急管理部门可以通过分发数据、组织质检协调会议或专家评审等方式，协调组织本级各行业主管部门，对市级上报的数据开展质检工作。如采用分发数据的方式，则需省应急管理部门根据本级行业部门职责，按需设置并分配账号，方便行业部门开展本行业数据审核工作，并将市级提交的调查数据分发至相关行业部门。完成质检工作后，省级应急管理部门在质检系统自动生成的省级应急管理部门质检工作报告（纸质版）上盖章确认并存档备查，然后转入核查程序。

2）省级核查

核查工作程序与市级核查工作程序相同。省级抽样要求及特殊说明如下：

（1）抽样比例和要求。省级核查组首先按照辖区内市级单位的数量进行分层，第一阶段根据分层抽样到县级单位。其次按照调查对象类别进行分层，第二阶段抽样到调查对象。

每个市辖区简单随机抽取县级行政单位，县级行政单位抽样比例不低于该市、县级行政单位总数的 10%，且确保数量不少于一个县级行政单位。对抽检的县级单位，各类调查对象均要检查，每类调查对象抽样数量不少于该类调查对象总数的 5%，且数量不少于一个。抽查对象的所有数据指标必须逐一核查。

（2）省级内业核查同时包括检查市级应急管理部门组织有关行业部门开展调查和质检、核查的各类工作文档。

（3）省级应急管理部门将核查结果反馈至市级应急管理部门。如果差错率小于 5%，认为该省级调查成果合格，县级应急管理部门根据核查结果对所有错误成果进行修正和完善后，上报省级应急管理部门。核查工作组对修改结果进行复核，对修改后仍不合格的数据，返回被检县级管理部门再次修正，直至复核通过。如果差错率大于或等于 5%，认为该省级调查成果不合格，根据整改意见，应急管理部门完成对辖区内数据的修订和完善后，上报省级应急管理部门。核查工作组再次对应急管理系统调查成果进行抽样核查，直到本省调查成果合格。

（4）直辖市按照市级核查方式抽样。

（5）辖区内所有应急管理系统调查成果核查通过后，将工作报告与调查数据一并提交至应急管理部。

4. 国家级质检、核查

1）国家级质检

应急管理部对所有调查成果的总体情况进行汇总检查，通过软件系统与人工质检方式检查汇总数据的重复、异常值等一致性和合理性问题；组织开展质量检查工作和协调会议，采取人工质检和专家评审等方式进行交叉质量检查；对发现的各类疑似错误或异常数据等问题，反馈至省级应急管理部门；直至通过国家级审核后，由应急管理部在纸质质检报告上盖章确认，转入抽样核查程序。

2）国家级核查

核查工作程序与市级核查工作程序相同。应急管理部抽样要求及特殊说明如下：

（1）抽样比例和要求。应急管理部核查组首先按照全国省级单位的数量进行分层。第一阶段根据分层抽样到县级单位。其次按照调查对象类别进行分层，第二阶段抽样到调查对象。在各省（自治区、直辖市）和新疆生产建设兵团辖区内简单随机抽取县级行政单位，县级行政单位抽样比例不低于该省（自治区、直辖市）县级行政单位总数的 1%，且确保数量不少于一个县级行政单位。对抽检的县级单位，各类调查对象均要检查，每类调查对象抽样数量不少于该类调查对象总数的 1%，且数量不少于一个。抽查对象的所有数据指标必须逐一核查。

（2）国家级内业核查同时包括检查省级应急管理部门组织有关行业部门开展调查和质检、核查的各类工作文档。

（3）应急管理部将核查结果反馈至省级应急管理部门。以每个省（自治区、直辖市）核查的所有调查指标数据的差错率作为该省（自治区、直辖市）应急管理系统调查成果的评价指标。如果差错率小于5%，认为该省级调查成果合格，省级应急管理部门根据核查结果对所有错误数据进行修正和完善后，上报应急管理部。核查工作组对修改成果进行复核，对修改后仍不合格的数据，返回被检省级管理部门再次修正，直至复核通过。如果差错率大于或等于5%，认为该省级调查成果不合格，省级应急管理部门组织相关行业部门、调查对象，根据核查工作组出具的整改意见，对本辖区内调查数据成果进行修订和完善后，再次上报应急管理部。核查工作组再次对该省调查数据成果组织抽样核查，直到调查数据合格。

（4）所有省级单位调查成果核查通过后，将工作报告与调查数据存档备案。

二、地震灾害调查成果质量控制

普查数据与成果应符合地震行业制定的普查工作系列技术规范的要求，在线上汇交前应由数据提交主体进行人工核查，保证数据的完整性、规范性和准确性。

（一）系统自动质检

数据提交主体用户在通过普查软件系统提交数据后，须使用活断层数据质检系统、场地与区划数据质检系统、重点隐患数据质检系统对提交的数据进行质量检查，主要完成对数据项的完备性、关联性的自动检测，对发现的问题列出修正清单，及时修改。

1. 数据完整性

数据完整性主要包括调查采集表单填写的完整性和采集数据本身的完整性。重点检查填报指标是否符合必填、选填、条件必填等要求。

2. 数据规范性

数据规范性分为数据格式规范性和文件格式规范性。数据格式规范性包括填写采集数据类型（如字符型、数值型、整型、浮点型、日期型、日期时间型）是否符合要求，数据长度、精度、选项个数的规范性（如单选、多选、选项个数不超过××个）等；文件格式规范性包括上传文件是否符合格式要求等。

3. 数据一致性

数据一致性分为逻辑一致性、时间一致性、属性一致性、空间一致性。逻辑一致性包括填报指标选项间逻辑关系约束、填报指标间逻辑关系、调查表间逻辑关系等；时间一致性包括填报时间与事实一致性、填报时间的范围等；属性一致性包括表间指标的一致性，以及指标是否唯一等；空间一致性包括填报经纬度是否在本级行政区范围内，填报时间与所填经纬度是否一致等。

4. 数据合理性

数据合理性分为值域合理性、异常值合理性、空间集聚合理性。值域合理性包括填报指标是否在值域范围内等，异常值合理性包括填报数据的离群性，空间集聚合理性包括填报数据在空间分布上的聚集性等。

（二）活断层相关数据检测

由于活动断层探察相关数据涉及大量的空间数据，对其中不同空间要素间的拓扑关系、空间容差等的质量控制要求更高。活动断层探察数据在通过软件初步质检后，还应提交中国地震灾害防御中心活动断层数据中心进行进一步的检测，形成数据检测报告。对于检测不合格的数据，反馈给数据填报单位，进行数据修改。

（三）人工审核

地震灾害风险普查项目办公室依据普查数据与成果综合性审核技术规范，对各试点地区地震部门汇交的数据与成果进行综合性审核，形成完整的质量审核报告，及时反馈给相关单位，对未通过综合性审核的应要求其在规定时限内完成修改更新和再次汇交。

（四）质检情况统计

各省（自治区、直辖市）地震局应根据对本辖区内各市、县汇交数据的质检情况填写汇总统计表，地震灾害风险普查项目办公室汇总各省（自治区、直辖市）报送的数据，填写地震行业普查数据质检情况汇总表，并报国务院普查办。

（五）数据与成果抽样核查

建立数据与成果的抽样核查工作机制，由地震灾害风险普查项目办公室牵头组建核查工作组，一般由各省（自治区、直辖市）地震局和应急管理部门人员、委托的技术支撑单位专业技术人员组成，分别对本省（自治区、直辖市）内的地震灾种普查数据进行抽样核查，主要核查的内容包括汇交数据与原始记录文档资料、原始野外工作记录数据、原始测试报告、原始图件内容是否一致；经加工或统计后的数据是否有错误；原始记录资料是否有填报人或填报单位的签字盖章；核查各省（自治区、直辖市）质检汇总数据是否准确、完整；核查档案资料是否完整、齐全，是否取得相关单位质量检查合格的报告。

1. 核查抽检率

各省（自治区、直辖市）对本辖区县级行政单位的抽样核查比例不应低于辖区内县级行政单位总数的 10%，且数量不少于两个。被抽检的县级行政单位地震灾种涉及的全部普查工作数据及成果类别应 100% 全覆盖，每一类数据的抽检率不低于此类数据总条数的 30%。

2. 核查质量评价

根据核查结果对普查数据的质量进行定量和定性相结合的评价，统计填报率、差错率等指标，并填写核查报告。

3. 数据整改

根据核查质量评价结果，对于必填项的关键数据，抽检合格率应为 100%，发现错误应将对应数据类的数据退回，重新核实填报。对于选填项的非关键数据，抽检合格率应不低于 90%，否则认定为数据不合格。不合格的数据需进行整改，将发现错误对应数据类的数据退回，重新核实填报。

三、地质灾害调查成果质量控制

地质灾害风险普查工作组织实施单位，应依据《地质灾害风险调查评价技术要求（1∶50000）（试行）》等技术标准和要求，通过野外验收、专家评审等形式，采取软件质检、人工核查等手段，负责对产出的各类数据、图件、文字报告等成果的完整性、规范性、一致性、真实性、准确性和有效性进行质量审核，形成完整的成果验收意见，一并提交上级自然资源部门。

各级自然资源部门应采取软件质检、人工核查等手段，对下级部门汇交成果的完整性、规范性和一致性进行质量审核。上级自然资源部门应及时向下级部门反馈质量审核结果，对未通过审核的应要求下级在规定时限内完成修改更新和再次汇交。各级质量审核应形成质量审核意见，向上级自然资源部门汇交成果时一并上交。

中国地质环境监测院（自然资源部地质灾害技术指导中心）负责国家层级地质灾害风险普查成果完整性、规范性和一致性质量审核。

四、气象灾害调查成果质量控制

数据成果应符合气象行业制定的普查工作系列技术规范的要求，通过软件质检、人工核查和用户认证管理保障数据质量。

（一）软件质检

数据提交主体用户在通过普查软件系统提交数据后，系统会对用户信息、行政区划信息、气象台站信息、致灾因子等进行完整性、规范性、一致性、合理性的质量检查，对发现的问题列出校验结果清单，需要数据提交主体用户完善修改。

1. 数据完整性

数据完整性主要包括致灾危险性调查表填报完整性和数据本身完整性。重点检查填报指标是否符合必填、选填等要求。

2. 数据规范性

数据规范性分为数据格式规范性和文件格式规范性。数据格式规范性包括填写采集数据类型（如字符型、数值型、整型、浮点型、日期型、日期时间型）是否符合要求，数据长度、精度、选项个数的规范性（如单选、多选、选项个数不超过××个）等；文件格式规范性包括上传文件是否符合格式要求等。

3. 数据一致性

数据一致性分为逻辑一致性、属性一致性、时空一致性。逻辑一致性包括填报致灾因子间逻辑关系约束、致灾因子间逻辑关系等，属性一致性包括致灾因子的量纲一致性等，时空一致性包括填报经纬度是否在本级行政区范围内等。

4. 数据合理性

数据合理性分为值域合理性、异常值合理性。值域合理性包括致灾因子是否在值域范围内等，异常值合理性包括填报数据的边界范围控制。

同时，普查软件系统支持数据成果的逐级汇总并生成各过程统计结果，为后续质检报告提供数据支撑。

（二）人工核查

国家、省、市、县四级气象部门依据《气象灾害综合风险普查技术规范》和《气象灾害综合风险普查成果汇交和质量审核管理办法》，对本级或其下级部门线上汇交的数据成果进行人工质量审核。

国家级和省级气象部门对调查成果汇总后，开展全国气象部门调查数据质检工作。质检主要通过软件从完整性、规范性、一致性、合理性等方面对所有调查成果进行评估，并应重点加强合理性检查，并在质检报告中加以说明。

国家级和省级气象部门完成调查成果质检后，即转入人工抽检阶段。人工抽检工作由国家级和省级分别负责完成。国家级成立国家级气象灾害普查数据核查组，负责对各省上报的数据进行抽查，抽查数据要求覆盖各省，各省被抽查数据占该省调查对象比例不低于3%。省级气象部门应成立本省普查数据核查组，负责对本省各地市（县）

上报的数据进行抽查，抽查数据应有地域代表性，抽样比例不低于本省调查对象总数的 5%。

五、水旱灾害调查成果质量控制

（一）审核方法

水旱灾害风险普查成果数据审核采用软件自动检查、人工抽样或全面检查相结合的方式，对成果数据的完整性、规范性、一致性和合理性进行审核检查。

1. 软件检查

各级水利部门利用统一下发的水旱灾害调查分系统和水旱灾害风险普查数据质检与核查分系统的审核功能或利用其他软件系统，结合影像数据和相关地理信息，对本区域普查成果全部数据的完整性、规范性、一致性和合理性进行全面自动检查，对数据审核过程及汇总后的数据进行总体质量评价，并将检查结果进行分类整理，自动生成输出报表供数据审核人员进行分析、确认和处置。

2. 人工检查

依照相关技术要求，用人工方式进行审核。通过人机交互的方式，利用参考资料或根据已掌握的情况和经验，对数据进行抽样或全面检查。检查内容包括完整性、规范性、一致性和合理性。可采用特聘专家审核、聘用技术人员审核或召开咨询/审核会等方式对成果进行审核。

（二）审核规则

数据审核规则包括数据完整性、规范性、一致性和合理性审核，各项普查任务内容和对应审核方式见表 3-1。

1. 完整性

数据完整性审核内容包括数据目录完整性、数据内容完整性、属性字段完整性。

数据目录完整性审核是对各级各类成果文件的完整性审核，各类成果应分别包括不同的数据文件目录。具体包括空间 shp 数据文件、

表 3-1 数据审核规则与方式

检查内容		普查内容与审核方式	
		致灾调查和隐患调查	风险评估与区划
完整性	数据目录完整性	软件检查和人工检查	软件检查和人工检查
	数据内容完整性	软件检查和人工检查	软件检查和人工检查
	属性字段完整性	软件检查	软件检查和人工检查
规范性	数据格式规范性	软件检查和人工检查	软件检查和人工检查
	文件格式规范性	软件检查	软件检查和人工检查
一致性	业务逻辑一致性	软件检查和人工检查	软件检查和人工检查
	隶属关系一致性	软件检查和人工检查	软件检查和人工检查
	经纬度坐标一致性	软件检查	软件检查和人工检查
	空间拓扑检查	人工检查	软件检查和人工检查
合理性	数值范围合理性	软件检查和人工检查	软件检查和人工检查
	数值类型合理性	软件检查和人工检查	软件检查和人工检查

栅格图层、数据库文件、数据表格文件、成果图件、成果报告等文件中的一个或几个。致灾和隐患调查等主要通过采集软件编制的成果数据，以软件检查为主，结合人工检查完成；风险评估与区划类成果，以人工检查为主，结合软件检查完成。

数据内容完整性审核包括两类：一是对数据文件完整性审核，如洪水灾害隐患调查成果应包括水库（水电站）、水闸、堤防和蓄滞洪区隐患调查成果数据文件；二是对数据内容完整性进行检查，如各级数据调查采集工作人员应对洪水灾害隐患调查成果中堤防成果是否已经完整覆盖本级所管全部堤防进行自审；省、市两级审核人员应在向上级汇集成果数据前，审查本级堤防成果是否已经覆盖本级所管和下级水利部门所管全部堤防。文件完整性以软件检查为主，结合人工检查完成；数据内容完整性以人工检查为主，结合软件检查完成。

属性字段完整性审核是依据相关技术要求，对提交的图层文件或数据库文件中数据表的属性字段进行完整性审核。致灾和隐患调查成果以软件检查为主完成；风险评估与区划成果以人工检查为主，结合软件检查完成。

2. 规范性

规范性审核主要包括数据格式规范性和文件格式规范性。

数据格式规范性主要是各类成果数据值是否符合相关技术要求或其他规范，如水利工程编码是否符合本项目技术要求等。致灾和隐患调查成果以软件检查为主，结合人工检查完成；风险评估与区划成果以人工检查为主，结合软件检查完成。

文件格式规范性主要是各类成果数据文件格式是否正确，符合相关技术要求。致灾和隐患调查成果以软件检查为主完成；风险评估与区划成果以人工检查为主，结合软件检查完成。

3. 一致性

数据一致性审核包含业务逻辑一致性、隶属关系一致性、经纬度一致性审核和空间拓扑关系检查。

业务逻辑一致性审核是根据相关技术要求对各类成果数据业务关系的逻辑一致性审核。如水库安全鉴定相关调查内容逻辑上应一致。致灾和隐患调查成果以软件检查为主，结合人工检查完成；风险评估与区划成果以人工检查为主，结合软件检查完成。

隶属关系一致性审核主要是要求评估成果数据所在的空间位置隶属政区应一致无误，对于点状要素检查是否包含在所属行政区划以内，对于线状要素与行政区划范围检查是否相交或包含的关系。致灾和隐患调查成果以软件检查为主，结合人工检查完成；风险评估与区划成果以人工检查为主，结合软件检查完成。

经纬度坐标一致性审核是对数据的坐标系是否统一进行检查。致灾和隐患调查成果以软件检查为主完成；风险评估与区划成果以人工检查为主，结合软件检查完成。

空间拓扑检查是对矢量数据特别是线、面类型数据进行拓扑检查。要求不能出现拓扑错误，如网格重叠、堤防线重叠等情况。致灾和隐患调查成果以人工检查为主完成；风险评估与区划成果以人工检查为主，结合软件检查完成。

4. 合理性

数据合理性审核包括数值范围和数值类型合理性审核，是对表格和空间属性表中的数值进行审核，不能超过规定的数值范围以及按照规定的数值类型进行填写，各类成果数据应符合真实情况。致灾和隐患调查成果以软件检查为主，结合人工检查完成；风险评估与区划成果以人工检查为主，结合软件检查完成。

六、海洋灾害调查成果质量控制

各级海洋减灾主管部门接收正式汇总报送的本级及所辖区域的数据和成果，按照《全国海洋灾害风险普查数据与成果质量审核规范（试行）》开展质量审核。为保证公正性，调查单位和填报单位原则上不应作为相应数据成果的质量审核单位。

（一）审核方法

1. 软件自动检查

将调查数据录入全国海洋灾害风险普查信息系统，通过软件系统的质检审核功能进行自动检查，实现对风暴潮、海浪、海啸、海平面上升、海冰灾害调查数据以及重点隐患排查和风险评估区划成果的在线质检与核查，确保入库数据成果的完整性、规范性、一致性与合理性。

2. 人工检查

根据《全国海洋灾害风险普查实施方案（修订版）》及有关质检标准或要求，利用参考资料对数据、图件和报告进行检查，主要包括任务完成情况、数据成果材料完整性、文档内容的完整性和规范性、相关属性内容正确性以及制图数据规范性等。

（二）审核要点

1. 准确性

检查调查数据与评估成果准确性，主要包括调查数据精度的准确性，是否满足对应的精度要求；空间数据图形拓扑关系的正确性，要求空间图形、图层间和图层内不存在悬挂点、重叠、相交、缝隙等拓扑错误。

2. 完整性

检查调查范围、数据与成果文件的完整性，主要包括调查对象数据范围是否完整覆盖任务区，是否存在缺漏情况；调查对象数据是否采集完整，是否存在缺漏情况；成果文件格式是否正确和完整，是否存在少交、漏交等情况。

3. 规范性

检查数据成果的规范程度，主要包括调查数据、图件和报告是否符合《全国海洋灾害风险普查实施方案（修订版）》及相关标准规范的要求，数据成果的属性字段数量、字段名称、类型、长度等属性精度是否与《全国海洋灾害风险普查数据与成果质量审核规范（试行）》要求一致。

4. 一致性

检查数据图形成果属性和空间位置的一致性，主要包括检查数据成果的图形与属性之间、图形与图形之间、属性与属性之间的关联性、规律性和逻辑关系，检查数据成果中的空间信息与属性表的描述是否一致，以"天地图"作为空间坐标基准检查基础底图服务、行政区划数据与调查对象数据三者空间位置是否一致。

5. 合理性

检查数据与评估区划成果的合理性，主要包括灾害类别和发生地核查、时间合法合理性检验、数据阈值比较、奇异值和极值检验等。

（三）审核过程

各填报责任主体通过全国海洋灾害风险普查信息系统填报本级数据时，系统质检审核模块自动对数据进行初步检查，保证全部数据100%进行软件自动检查。自动检查中发现问题需进行修改，全部无误后才可在线提交审核。

1. 审核

各级海洋减灾主管部门可成立由技术专家和相关人员组成的审核组，负责实施审核工作。对检查发现的问题，审核组应通过全国海洋灾害风险普查信息系统在线出具审核意见并反馈。被审核部门组织开展数据修改并作说明，及时将修正后的数据成果和修改说明上报，直至审核通过。审核应对数据成果进行一定比例的抽样复核，主要检查数据成果的完整性和准确性，包括调查数据的精度、调查对象空间信息的准确性和调查指标数据的正确性，可根据需要安排现场复查。

在针对样本调查表进行复核时，如出现错误数据项占该表总数据项大于或等于10%的情况，则判定该样本调查表不合格，需重新整改和审核，并提交整改说明。

各级海洋减灾主管部门在本级和辖区所有数据成果审核完毕后，应编制海洋灾害风险普查数据成果质量检查报告（对本级）或质量审核报告（对辖区），盖章后通过系统上报（报告要求见附件）。

2. 重点检查

根据审核发现的问题和线索，针对重要和典型问题组织开展重点检查，根据实际需要确定检查区域范围和成果范围。重点检查的方法与审核相同，可不安排抽样检查。

七、林草灾害调查成果质量控制

根据森林和草原火灾风险普查数据成果质检与核查总体目标要求，对各层级森林和草原火灾风险普查成果进行数据质检与核查上报工作。森林和草原火灾风险普查数据成果通过数据质检与汇总、现场核查的方式进行审核。审核数据内容包括方案类成果、调查类成果、评估与区划类成果、报告类成果。成果数据的汇集针对不同层级的成果内容，在县、市、省逐级开展数据合并、汇总上报工作，最终在国家建立森林和草原火灾风险普查成果数据库。

不同的审核方式，使用的审核方法和审核规则不同，涉及的数据内容和责任主体不同，见表3-2。

表3-2 数据审核规则与方式

审核方式	审核方法	审核数据内容	审核规则	责任主体
数据质检与汇总	以软件自动检查为主，人工检查为辅	方案类成果、调查类成果、评估与区划类成果、报告类成果	数据完整性、一致性、合理性	国家、省、市、县
现场核查	以人工检查为主，软件检查为辅	调查类成果	数据真实性、正确性	国家、省

（一）数据质检与汇总

森林和草原火灾风险普查需要内业审核的内容包括方案类成果、调查类成果、评估与区划类成果、报告类成果，对于各类成果通过数据质检与核查系统，按照"县—市—省—国家"的顺序逐级进行数据的质检与汇总。

全国森林和草原火灾普查数据成果质检与汇总工作涉及工作层级包括县、市、省和国家四级。数据质检与汇总工作流程图如图3-1所示。

县级林草部门可通过森林和草原火灾风险普查数据采集系统进行调查数据采集，数据采集完成后，进入质检与核查分系统开展本级数据自动质检与人工审核工作；审核不合格，回到森林和草原火灾风险普查数据采集系统进行数据修改；然后再次进行质检审核，复审合格后，进行成果上报，报送到地市级林草部门。

市级林草部门负责接收县级林草部门提交的成果数据，对成果数据进行质检与审核，成果不合格的，要求上报单位修改重报。将复审合格的上报数据保存到地市级森林和草原火灾风险普查数据库中，全部县级单位检查合格后，将成果数据报送省级林草部门。

省级林草部门负责接收地市级林草部门提交的成果数据，开展质检与审核工作，成果不合格的，要求上报单位修改重报。将审核合格的成果进行汇总并保存到省级森林和草原火灾风险普查数据库中，检查合格后，将省级成果数据报送国家级林草部门。

国家级林草部门负责接收省级林草部门提交的成果数据，开展质检与审核工作，成果不合格的，要求上报单位修改重报。将审核合格的成果进行汇总，形成全国森林和草原火灾风险普查成果。

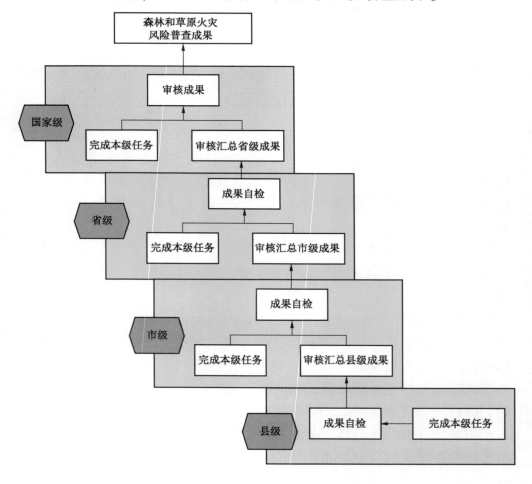

图 3-1　数据质检与汇总工作流程图

（二）现场核查

国家级和省级现场核查需按照《森林和草原火灾风险普查数据

采集质量检查办法》的有关要求，采用抽样的方式，对调查类数据进行现场质量检查，检查的内容包括森林可燃物标准地调查数据、森林可燃物大样地调查数据、草原可燃物样地调查数据、野外火源调查数据、历史火灾调查数据、减灾能力调查数据。

现场核查主要以人工检查为主，检查结果通过数据质检与核查系统进行填报并形成反馈意见，检查结果和反馈意见通过系统记录和现场确认两种方式下发责任单位。质量达到"良好"及以上等级的，责任单位需对存在的问题进行限期整改；否则应在整改后扩大检查范围，直至达到"良好"及以上等级。现场核查工作流程图如图3-2所示。

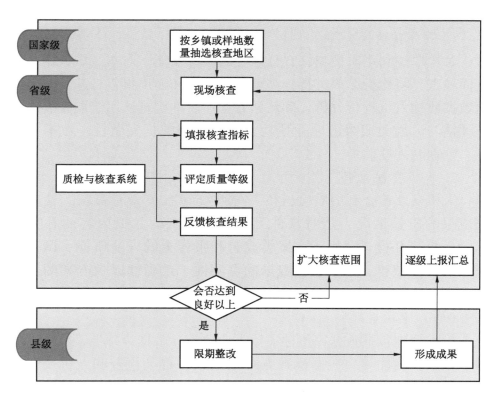

图 3-2 现场核查工作流程图

森林可燃物标准地调查和大样地调查、草原可燃物调查外业质量检查，省级检查数量不少于本省森林可燃物调查标准地、大样地，草原可燃物调查样地的 3%，国家级检查不少于相应省样地数量的 1.5%，其中 1/5 的检查样地应与省级检查样地重复。内业资料检查，省级和国家级都应 100% 检查。野外火源、历史火灾、减灾能力现场质量检查：采用随机抽样的方式，国家级和省级各抽取 1.5% ~ 3% 的任务量进行现场质量检查。

全国森林和草原火灾风险普查需要审核的内容包括方案类成果、调查类成果、评估与区划类成果、报告类成果。

数据审核方式包括软件自动检查和人机交互检查。

（三）审核方法

1. 软件自动检查

各级单位利用质检与核查分系统的相应功能，对本区域数据进行全面检查，将检查结果进行分类整理、统计和输出报告，并及时提交给数据质检人员进行分析、确认和处置。软件检查适用于调查类成果和评估与区划类成果的内业质检，主要检查数据完整性、数据一致性、数据合理性。

2. 人机交互检查

人机交互检查利用质检与核查分系统和有关参考资料，检查数据成果的质量情况，是对软件无法自动检查的数据内容的补充操作。人机交互检查适用于方案类成果和报告类的内业质检、调查类成果的外业核查，主要检查数据的真实性、正确性以及方案的合理性。

（四）审核规则

检查规则包括数据完整性、数据一致性、数据合理性、数据真实性、数据正确性等。数据检查方式包括软件自动检查和人机交互检查，各级数据检查规则与检查方式见表 3-3。

表 3-3　各级数据检查规则与检查方式

检查类别	检查规则	检查方式	县	市	省	国家
数据完整性	数据目录完整性检查	软件自动检查	√	√	√	√
	数据结构完整性检查	软件自动检查	√	√	√	√
	数据内容完整性检查	软件自动检查	√	√	√	√
数据一致性	必填项检查	软件自动检查	√	√	√	√
	缺漏项检查	软件自动检查	√	√	√	√
	约束项检查	软件自动检查	√	√	√	√
	逻辑关系检查	软件自动检查	√	√	√	√
	空间关系检查	软件自动检查	√	√	√	√
	隶属关系检查	软件自动检查	√	√	√	√
数据合理性	重复项检查	软件自动检查	√	√	√	√
	代码值检查	软件自动检查	√	√	√	√
	数据取值范围检查	软件自动检查	√	√	√	√
数据真实性和准确性	数据真实性检查	人机交互检查			√	√
	数据准确性检查	人机交互检查			√	√

八、房屋市政设施承灾体调查成果质量控制

(一) 基本要求

质检、核查的目的是确保数据的完整性、规范性和一致性。

1. 完整性

完整性主要指调查数据填写的完整性。一是与调查区建筑名录或工作底图比照，保证所调查区域的建筑物无遗漏；与管理部门统计档案或工作底图比照，保证所调查区域内符合调查对象要求的市政设施无遗漏；对于现场发现不属于应调查建筑物和市政设施但工作底图中包括的图斑对象，以及归属于无法提供数据的管理主体的建筑和市政设施，应有备注说明。二是与信息采集表内容比照，保证所调查建筑物和市政设施的调查数据资料不缺项。三是检查填报数据是否符合必

填、选填、条件必填等要求。

2. 规范性

规范性分为数据格式规范性和文件格式规范性。填报数据的要求应符合相关数据格式，包括填报指标数据类型是否符合要求，字符长度、精度、选项个数的规范性等；文件格式规范性包括上传附件是否符合格式要求等。

3. 一致性

一致性指上传的内容及影像资料与调查对象一致。一致性分为逻辑一致性、空间一致性、时间一致性、属性一致性。逻辑一致性包括填报指标选项间逻辑关系约束、填报指标间逻辑关系、调查表间逻辑关系等；空间一致性包括填报地址、位置与实际情况是否一致等；时间一致性包括填报时间与事实一致性、填报时间的范围等；属性一致性包括表中数据与实际情况的一致性。

（二）县（区）级住房和城乡建设及市政设施主管部门的工作

（1）结合当地实际情况和组织实施模式认真研究制定对调查单元的工作要求和管理制度，指导调查单元规范开展调查工作，并作为县（区）级自检报告的重要内容，接受上级检查。

（2）采取软件质检、人工核查相结合的方式，对数据的完整性、规范性、一致性进行检查。对软件系统反馈的疑似错误数据，人工核查时应重点关注，并在自检报告中加以说明。软件质检通过率应为100%，质检不通过的数据退回调查单元限期整改，整改完成后再次提交。

（3）质检、核查合格后通过验收，出具书面验收单。

（4）形成县（区）级自检报告，在调查数据纵向汇交的同时一并提交。

（三）市级住房和城乡建设及市政设施主管部门的工作

（1）收到县（区）级纵向汇交的数据和县（区）级自检报告后，采取软件质检、人工核查相结合的方式，对数据的完整性、规范性、一致性进行检查，形成市级质检、核查报告，在调查数据纵向汇交的同时一并提交。

（2）对县（区）级汇交的房屋建筑和市政设施调查数据进行软件质检时，应使用国家统一开发的软件系统。对县（区）级汇交的房屋建筑和道路、桥梁调查数据进行人工核查时，外业抽检的比例宜不小于0.4%，对供水设施进行100%的质检、核查。其中，对软件反馈的疑似错误数据，人工核查时应重点关注，并在市级质检、核查报告中加以说明。

（3）质检、核查通过后，对所辖各县（区）提交的县级自检报告审查后出具书面认可。

（4）直辖市住房和城乡建设及市政设施主管部门对区级纵向汇交数据的质检、核查，参照对省级住房和城乡建及市政设施设主管部门的要求执行。

（四）省级住房和城乡建设及市政设施主管部门的工作

（1）收到市级纵向汇交的数据和市级自检报告后，采取软件质检、人工核查相结合的方式，对数据的完整性、规范性、一致性进行检查，形成省级质检、核查报告，在调查数据纵向汇交的同时一并提交。

（2）对市级汇交的房屋建筑和市政设施调查数据进行软件质检时，应使用国家统一开发的软件系统。对市级汇交的房屋建筑调查数据进行人工核查时，外业抽检的比例宜不小于0.3%，对调查总数较少的供水厂站，各市抽检数量应不小于一个。其中，对软件反馈的疑似错误数据，人工核查时应重点关注，并在省级质检、核查报告中加以说明。

（3）对所辖各地市提交的市级质检、核查报告审查后出具书面认可。

（4）对城镇房屋和农村房屋及市政设施调查数据成果分别质检、核查，分别提交质检、核查报告。

九、公路承灾体调查成果质量控制

普查实行全过程质量控制，各项内容根据实施环节和成果特点，确定过程质量控制的工作节点和程序，制定各阶段质量控制的内容、技术方法和要求、组织实施及监督抽查办法，并做好工作记录。

（一）基本规定

1. 一般规定

（1）自然灾害综合风险公路承灾体普查数据成果质检包括数据质量检查、风险评估、数据核查等工作。

（2）数据质量检查主要对普查采集数据的规范性、完备性、准确性及一致性进行检查。

（3）风险评估按指标体系法进行，风险等级可划分为一级（重大）、二级（较大）、三级（一般）、四级（低）。

（4）数据核查主要对风险等级为一级、二级的灾害风险点基本属性、危害程度、发育程度进行复核，校正风险等级。

（5）普查数据成果按统一的要求与格式建立信息数据库，并对一级、二级灾害风险点建立公路自然灾害风险点台账。

2. 工作内容及流程

（1）数据成果质检工作涉及国家、省、市、县四级组织实施主体，各主体根据分工承担相应的任务。普查数据成果质检工作内容及流程如图3-3所示。

（2）交通运输部负责全国普查数据成果汇总，对风险等级为一级、二级的灾害风险点数据进行抽查，抽查比例不低于5%，不合格数据退回基层管养单位重新采集填报。

（3）省级交通运输主管部门负责本省普查数据成果汇总，对市级交通运输主管部门上报的数据进行质量检查、风险评估、数据核查，合格数据上报上级部门，不合格数据退回基层管养单位重新采集填报。

（4）市级交通运输主管部门负责对县级交通运输主管部门上报的数据进行质量检查，合格数据上报上级部门，不合格数据退回基层管养单位重新采集填报。

（5）县级交通运输主管部门负责对基层管养单位上报的数据进

行质量检查，合格数据上报上级部门，不合格数据退回基层管养单位重新采集填报。

（6）基层管养单位负责管养路段的普查数据采集填报、数据质量自检和修正采集数据。

（7）高速公路普查各层级工作职责按各省（自治区、直辖市）采集审核组织架构，参照（2）~（6）执行。

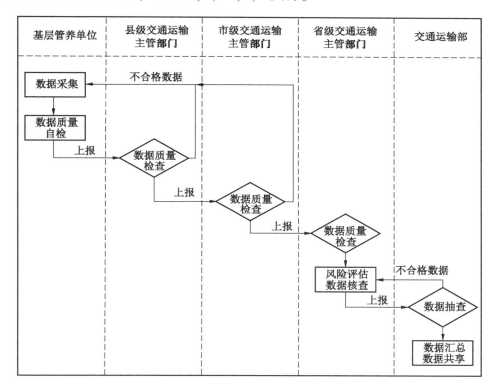

图 3-3　普查数据成果质检工作内容及流程

3. 数据质量管理要求

1）数据采集

编制数据采集工作计划，落实责任人；普查数据宜与既有勘察、设计成果及养护资料进行比对校核，必要时进行调查、核实和补查工作。对退回的不合格数据，应及时开展数据核对、重新采集和上报。

2）数据质量检查

各级交通运输主管部门应设专人开展数据质量检查工作并建立质量检查考核机制，及时完成数据质量检查，并上报合格数据、退回不合格数据。

3）数据核查

省级交通运输主管部门应及时落实具有相关专业背景的核查人员，组织开展数据核查工作。根据实际情况选取合适的手段，对风险等级为一级、二级的灾害风险点数据做到应查尽查。及时向交通运输部上报核查成果数据。

4. 成果汇集

（1）各级交通运输主管部门将辖区内数据成果分批次逐级上报。

（2）交通运输部将最终数据成果统一下发。

（3）各级交通运输主管部门负责辖区内数据成果管理、分析、归档。

（二）数据检查

数据检查原则如下：

（1）规范性原则：采集数据的命名、编号、度量单位等应符合相关规范要求。

（2）完备性原则：采集数据的字段属性名称、类型、长度、必填信息等应完整，照片资料应符合要求。

（3）准确性原则：采集数据填报项应填报准确，空间要素精准。

（4）一致性原则：采集数据的相关属性与照片应保证图文一致，灾害历史特征属性与公路养护记录资料应保持一致。

（三）数据核查

1. 一般规定

（1）数据核查范围为风险等级为一级、二级的灾害风险点。

（2）数据核查以内业核查为主，必要时进行外业核查，复核灾害风险点风险评估指标，校正风险等级。

（3）应对经数据核查后确定风险等级为一级、二级的灾害风险点建立公路自然灾害风险点台账。

2. 工作流程

（1）根据风险评估结果，确定需核查的灾害风险点。

（2）灾害风险点按以下情形进行分类核查：

照片和填报信息能体现灾害风险点的灾害特征，并且相关评估指标准确的，风险等级无须校正。

照片和填报信息能体现灾害风险点的灾害特征，但相关评估指标判定不准确的，应复核不准确指标项，校正风险等级。

照片和填报信息不能完全体现灾害风险点的灾害特征，应收集相关资料进行复核，校正风险等级；如仍不能确认风险等级的，应进一步组织开展调查工作，复核相关评估指标，校正风险等级。

（3）编制核查工作报告。

3. 核查方法

1）内业核查

资料分析比对方法：通过分析资料，提取风险点风险评价相关指标，校正风险等级。宜收集相关路段运营管理和养护资料，气象、水文、区域地质资料，公路工程勘察设计资料，公路工程施工、竣工资料，已有的灾种评价资料等。

遥感影像分析方法：针对依靠资料分析比对不能明确评估指标的灾害风险点，利用卫星光学影像、立体影像、雷达数据，采用定性与定量分析方法，对风险点规模、范围、灾害发育情况等灾害特征进行复核，明确风险点评估指标，校正风险等级。

2）外业核查

现场调查：通过现场踏勘、走访等方式，进一步记录和测量灾害风险点特征信息；针对地形复杂、人员难以到达区域，可结合无人机开展调查；基本查明灾害风险点特征，明确风险点评估指标，校正风险等级。

勘察：针对依靠现场调查等手段不能明确评估指标的灾害风险点，结合现场情况布置勘察任务，采用挖探、钻探或物探等综合手段，查明灾害风险点特征，分析灾害风险点稳定性，按相关规范校正风险等级。

监测：针对依靠勘察手段不能明确评估指标的灾害风险点，应开展形变监测工作，对监测结果进行分析，确定灾害风险点特征及其稳定性，明确风险评价指标，校正风险等级。

4. 核查内容

（1）崩塌风险点应基本查明以下内容：崩塌危岩体规模和分布；坡体裂缝分布特征，包括裂缝宽度、长度、充填情况、贯通情况；防护设施破损情况，分析破损严重程度；坡面变形情况，特别是崩塌危岩体底部岩土体的变形情况；崩塌与公路的位置关系，分析崩塌对公路的危害范围及程度。

（2）滑坡风险点应基本查明以下内容：滑坡的平面形态及立体形态，周边植被发育情况，滑坡坡脚临空高度及坡度；滑坡坡体裂缝分布特征，包括裂缝长度、宽度及贯通情况；坡体、路基路面是否有鼓胀、隆起、沉陷现象，分析其变形程度；防护设施等构筑物变形破损情况，分析其破损程度；坡面冲刷和冲沟发育情况，地下水出露情况及岩土体的潮湿状态；滑坡与公路的位置关系，分析滑坡对公路的危害范围及程度。

（3）泥石流风险点应基本查明以下内容：泥石流沟与公路的位置关系，分析泥石流冲淤对公路的影响和危害；泥石流空间特征，沟谷的发育程度，主沟和主要支沟的纵坡坡度情况；泥石流区域降雨特征，植被分布情况；泥石流的堆积情况，沟道和桥涵的淤堵情况；公路构筑物和防护设施的破损情况，分析其破损程度。

（4）沉陷与塌陷风险点应基本查明以下内容：沉陷塌陷区内公路基础设施空间分布及位置关系；分析沉陷塌陷的影响范围和危害性；沉陷塌陷分布情况，地面开裂、沉陷变形程度；路面裂缝的分布、形状和宽度等；路基沉陷塌陷特征，包括路基沉陷深度和沉陷长度等；公路构筑物和防护设施的变形破损情况，分析其破损程度。

（5）水毁风险点应基本查明以下内容：水毁风险点处河道上游

的局部地形，包括急弯凹岸、山嘴巨石、河道整治等方面的局部地形因素；水毁与公路的位置关系，分析水毁的水淹范围、水毁对道路和桥梁等损坏位置、损坏规模程度等，分析水毁危害。

5. 核查成果

（1）数据核查成果包括灾害风险点风险评价情况统计、风险等级校正情况、现场调查成果等。

（2）提交数据核查报告。

十、水路承灾体调查成果质量控制

（一）质量自检

市、县各级交通运输主管部门按照组织实施主体对本级形成的数据成果进行质量自检。

质量自检方法包括软件检查、人工检查和遥感核查等。质量自检可由技术支撑单位协助完成。对于质量自检不合格的任务，退回原采集单位限期整改完成。

质量自检阶段质量控制要点包含但不限于：是否编制各类普查对象的数据采集工作计划，数据采集范围是否全面；采集单位的数据采集任务是否落实责任人和责任单位；各类普查数据的采集方法是否明确，并按照档案、访问、实测和推算的顺序，检查选用的数据获取方式是否合理；普查数据是否与已有的规划、勘察和设计成果进行比对；普查对象的位置坐标数据和精度是否满足填报要求；各类普查对象的关联关系是否合理，是否进行过调查、核实和补查工作；数据处理人员有无检查数据采集与录入情况，并进行数据审核，数据是否完整、规范和真实，数据来源是否可靠，有无基层数据重采、重报和核实订正的记录，是否提交数据采集情况的检查报告；是否利用电子工作底图，通过图表一致性检查，进一步复核普查对象的分布与数量；汇交的数据有无质量检查报告；相关报告是否签字盖章；其他。

（二）质量核查

省、市级交通运输主管部门对下一级部门提交汇集的普查成果进行质量核查。其中,省级对市级交通运输主管部门质量自检的数据成果进行质量核查,市级对县级交通运输主管部门质量自检的数据成果进行质量核查。

质量核查方法包括软件检查、人工检查、现场核查和遥感核查等,必要时采取专家评审会方式完成。质量核查可由技术支撑单位协助完成。

软件检查过程中,利用数据核查软件的自检和人工对比检查功能,对上报的数据进行筛查,核实上报信息的规范性、完整性、一致性、合理性等。其中,完整性检查,如核实必填项是否准确填报;逻辑性检查,如核实数值数据填报范围是否合理,是否缺少关键有效信息,以及数据之间的逻辑性是否一致;空间拓扑检查,如核实不同面单元之间是否存在重叠,核实不同线单元之间是否存在交叉。

遥感核查过程中,将数据成果信息与高精度遥感影像匹配,进行核查,包含遥感解译核查、属性信息检查、空间信息检查等。其中,遥感解译核查,如利用高精度遥感影像数据开展特征解译,识别并核对水路承灾体信息空间位置是否准确,数量是否一致,是否有重复和遗漏上报内容;属性信息检查,如核实对上报信息与高精度遥感影像数据是否匹配,利用量测工具对水路承灾体的位置偏移程度进行估算,判断是否在 10 m 合理误差内;空间信息检查,如将上报的坐标数据按照顺时针顺序转换为面状或线状矢量数据,判断转换后的面状或线状数据空间位置是否准确,形状是否合理及完整。

数据成果质量检查,上一级交通运输主管部门对下一级报送的普查数据,依据《自然灾害综合风险水路承灾体普查数据与成果质检核查技术规则》对数据成果规范性、完整性、一致性、合理性等方面进行复核,同时从空间分布、同一规模对比、关联分析等方面进行数据质量检查,并出具质量审核报告。

上一级交通运输主管部门负责核查下一级的数据成果,质检、核查不合格的,退回下一级部门修改并重新上报,最终确保各级普查成果整体质量。

质量核查阶段质量控制要点包含但不限于：有无质量检查报告；数据填报是否规范（主要指文字或数字表述、计量单位、小数位数等内容），是否符合指标解释要求；普查数据项之间逻辑关系的一致性、数据取值是否合理；检查自然灾害信息等与其他政府部门数据的一致性；检查普查对象的隐患信息与实际情况的一致性；其他。

（三）质量抽查

国家、省两级交通运输主管部门对省、市、县各级数据成果按比例抽样抽检，评估各级各地普查任务完成质量。

质量抽查方法包括软件检查、人工检查和遥感核查等。质量抽查可由技术支撑单位协助完成。质量抽查的内容包括普查质检与核查工作的开展情况、数据（成果）质量状况等，督查采取现场巡视、调查与座谈、质量记录查阅、数据成果质量抽检等形式不定期开展。

在抽检样本范围中，质检合格率达到95%以上认定为数据成果整体质量合格；质检合格率在90%～95%的，认定为数据成果整体质量基本合格，对质检发现的问题反馈地方，整改后重新提交；质检合格率低于90%的，认定为数据成果整体质量不合格，除整改提交外，还将在全国范围内进行通报。

质量抽查阶段质量控制要点包含但不限于：是否进行数据质量审核，有无质量审核报告；检查数据填报的完整性和规范性；核实各类普查指标数据和普查对象关联关系数据的来源和采集方法，检查数据填报的可靠性；查阅普查空间数据，检查对象坐标采集情况，核查空间数据的有效性；检查自然灾害信息等与其他政府部门数据的一致性；检查普查对象的隐患信息与实际情况的一致性；其他。

十一、民用核设施承灾体调查成果质量控制

（一）数据汇总审核

国家级普查机构（生态环境部核与辐射安全中心）接收省级普查机构、相关营运单位上报的数据后，对数据的准确性、规范性、完整性、一致性、合理性进行审核检查。

准确性审核主要指所采集的参数是否来自相关核或辐射设施正式出版的、有效的安全分析报告和环境影响报告书（表）等已有资料。

规范性审核主要指数据填报是否符合指标界定范围，零值、空值填报是否符合填报要求。

完整性审核包括调查报表完整性审核和指标完整性审核。重点审核营运单位是否按照自然灾害类别或设施类别填报报表，做到报表不重不漏。营运单位基本信息、自然灾害等数据是否完整正确，对于空值数据应认真核实，做到应报指标不缺不漏。

一致性审核包括相关核或辐射设施经纬度位置坐标一致性、隶属关系一致性等。

合理性审核考察地震、洪水、台风等参数指标是否在合理值范围内。采用比较分析等方法，对比汇总表内或表间相关指标，分析指标间关系的协调性。

国家级普查机构（生态环境部核与辐射安全中心）采取集中审核和专家审核等方式，审核汇总数据，同时抽取一定比例（不少于30%）的省级普查机构、相关营运单位原始数据进行细化审核，对于不满足数据质量要求的，要退回修改；审查发现数据不合理的，国家级普查机构（生态环境部核与辐射安全中心）要核实原始报表数据。

（二）隐患分布图质量核查

国家级普查机构（生态环境部核与辐射安全中心）组织单（多）灾种重点隐患分布图质量核查。按照《第一次全国自然灾害综合风险普查实施方案（修订版）》，进行民用核设施自然灾害的严重程度和影响范围统计、民用核设施自然灾害重点隐患等级统计，编制民用核设施自然灾害单灾种重点隐患分布图以及多灾种重点隐患分布图。

运用横向数据比较、相关性分析和专家经验判断等方法对单（多）灾种重点隐患分布图进行评估。对隐患分布图的准确性、合理性进行评估。

第三节 综合性审核

《第一次全国自然灾害综合风险普查数据与成果汇交和入库管理办法（修订稿）》明确规定，数据与成果质量审核主要包括各级行业部门普查数据成果本级自检、逐级对下审核，以及普查办的综合性审核。开展综合性审核的目的是通过对各行业部门普查数据的分析，协助各行业部门进一步完善数据成果质检规则，压实行业的质检责任，夯实普查工作基础，保障综合风险评估区划工作的有序推进。

为规范国务院普查办和省级普查办开展综合性审核工作，国务院普查办依据《第一次全国自然灾害综合风险普查数据与成果汇交和入库管理办法（修订稿）》《第一次全国自然灾害综合风险普查行业和综合评估与区划数据需求清单（细化稿）》《普查工作底图技术规范》和各行业部门普查数据与成果质检、核查技术细则等内容，编制印发了《第一次全国自然灾害综合风险普查数据与成果综合性审核技术规范（调查类)》。

一、审核对象

普查调查类数据的综合性审核对象为《第一次全国自然灾害综合风险普查行业和综合评估与区划数据需求清单（细化稿）》规定的调查类和与调查相关的数据对象细化项，这些经过各部门全过程质量控制、逐级汇总、审核并汇交的数据具体涉及 9 个行业或部门共84 项。

开展综合性审核的调查类数据内容包括：

（1）地震灾害、地质灾害、水旱灾害、海洋灾害、森林和草原火灾等灾种风险要素调查数据。

（2）主要承灾体调查数据，包括房屋、基础设施、矿山（煤矿、非煤矿）和危险化学品企业、公共服务系统、资源与环境等内容。

（3）历史灾害调查数据，包括 1978 年以来我国各县级行政区年度自然灾害灾情统计数据，以及 1949 年以来全国重大自然灾害事件。

（4）综合减灾能力调查数据，包括政府、企业和社会组织调查数据，乡镇（街道）、村（社区）以及抽样家庭减灾能力情况的调查数据。

（5）主要灾种重点隐患数据，包括地震灾害、地质灾害、水旱灾害、海洋灾害、森林和草原火灾等易发多发区的建筑物、重大基础设施、重大工程等调查数据。

二、审核总体要求

（一）空间基准要求

普查数据成果空间基准应符合以下要求：

（1）坐标系统采用"2000 国家大地坐标系"，坐标单位为"度"。

（2）高程基准采用"1985 国家高程基准"。

普查数据成果空间表示应符合以下要求：各级行政区空间数据以国务院普查办下发的基础底图及区划数据为准，同级行政区边界之间不重不漏。

（二）数据格式要求

（1）矢量空间数据要求线下汇交宜采用 shp 格式，其中 shp 类文件必传". shp"". shx"". dbf"". prj" 4 个文件；线上汇交宜采用支持空间数据存储的 PostgreSQL 等空间数据库。

（2）统计类数据要求线下汇交宜采用 xls 或 xlsx 格式，线上汇交宜采用支持空间数据存储的 PostgreSQL 等空间数据库。

三、审核内容要求

综合性审核内容包括可读性审核、完整性审核、规范性审核、合理性审核、一致性审核五大方面，分别从数据清单、空间特征、属性指标三个审核类目角度进行综合性审核。

四、质量评价

调查类数据成果的综合性审核质量评价以区划单元为单位，分行业进行评定，根据汇交的普查数据成果综合性审核问题比率情况，确定普查数据成果质量等级，并给出相应的审核意见。《第一次全国自然灾害综合风险普查数据与成果综合性审核技术规范（调查类）》明确，调查类数据每项审核细则的问题比率均小于 5%，判定为质量合格，通过综合性审核；某项审核细则的审核问题比率大于或等于 5% 时，判定为质量不合格，需由相关行业部门整改后重新汇交，并再次进行质量审核。

第四章　应急管理系统调查
常　见　问　题

风险普查涉及面广，过程复杂，在开展的过程中可能会遇到各种各样的问题和疑惑，加之技术规范和资料文件数量较多，系统的技术要求也千差万别，所以各种问题的发生是难免的。根据全国调查情况，对常见问题①进行了汇总和归类。

第一节　清查常见问题

一、组织实施问题

（1）在清查过程中，综合性审核程序是必须的吗？

在《应急管理系统清查技术与工作方案》中，已明确要求：县级应急管理部门对各组织填报审核汇交的清查数据开展综合性审核。县级应急管理部门应组织乡镇（街道）对所辖区域的各类调查对象的完整性进行审核，并对已经录入系统的清查名录和位置信息进行核对确认（含市、省两级调查对象清查结果），乡镇（街道）及时将审核中发现的问题反馈给县级应急管理部门，由应急管理部门协调组织填报部门进行修改补充。所以，这个程序是必须的，地方可以根据情况，乡镇重点核实清单的目录，至于具体的指标信息，可以放在后续调查中继续核实。

---

① 常见问题仅为应急系统常见问题，行业部门问题详见其他教材。

（2）省管的大学和市直管的高中是由归属地所在的县（区）开展清查工作吗？

①为保证清查工作目录的准确无漏项，省、市级可按照属地统计进行收集；②为确保对象目录不存在重复性和后期综合性审核的开展，可在县级账号中录入数据。可根据实际情况决定具体实施方式。

（3）关于省级的任务，比如说航空护林站队伍与装备、地震专业救援队伍与装备、救灾物资储备库、大型企业救援装备和专职救援队伍（涉及大型救援装备生产企业、大型工程建设企业、大型采矿企业）等内容，是直接录入省级的账号里面吗？是否需要实际所在地区录入？

目前设计优先"在地"填报，如果无法实现"在地"填报，再协调"属地"填报。

（4）在地统计和属地统计，各县必须严格按照技术规范要求执行吗？

清查阶段不严格限制。尽量采用"在地"统计，"在地"统计无法填报可以协调"属地"填报。

（5）核设施调查市、县级有任务吗？

市、县级没有核设施任务，核设施任务都是在国家和省级层面。

（6）有个S街道，2020年A区试点的时候已经调查了，数据也已经上报至国家，由于区划的更改，2021年S街道正式划到B区，B区行政区划里面没有该街道，B区计划把S街道添加至B区划里，重新进行调查要怎么处理？

风险普查时间节点是到2020年12月31日。若是2021年正式划到B区，B区不需要进行S街道的调查，已经调查过的不用重复调查，后续试点应补充试点阶段未包含的指标。

（7）为什么有时不能编辑数据了？

因为已经将数据上报至上级，需要上级驳回后才能编辑；如果上级尚未审核，也可自行撤回。

（8）有个点位在国界外无法保存，可以调整到国界内并填写相关情况说明吗？

可以点击"取消点位限制在区划内"按钮后保存。

（9）政府减灾能力涉及部门位于县（区）范围外，无法选定对应街道怎么办？

先在本县（区）范围内任选一个街道，如县政府所在街道，然后在实际所在位置定位填报信息。

（10）由于新区的设立，两市交界部分区县进行过区划调整（2020年12月31日前），部分区县存在城区和主要县城被划出给新区的情况。由此在清查过程中出现的问题主要有，如在政府灾害管理单位的新建和导入过程中（以应急管理局为例），单位点位在区划外的问题虽然可以通过软件设置解决，但普查区划这一项因单位位置所处乡镇已不属于本区县，故本区县普查区划选项中没有该单位所属的乡镇可供选择，清查对象信息无法保存。

普查区划里面选择第一个乡镇或是县政府所在乡镇即可。

（11）批量导入数据后为什么没有点位信息？

①经纬度信息、详细地址是否超出了县界？超出县级无法定位；②是否选择覆盖原有点位信息？基于详细地址进行定位不能百分百准确定位；③看不到预置的乡镇（街道）与社区（行政村）减灾能力数据，可放大缩小底图，找蓝色点位。

（12）《应急管理系统清查技术与工作方案》中提到"要确保清查对象不重不漏"，如既属于体育场也属于避难场所的对象，既属于旅游景区又属于宗教活动场所的对象怎么处理？

关于"一对象多属性"问题，调查范围内对象的每种属性单独填报。所以，既属于体育场也属于避难场所的对象，在体育场馆、应急避难场所调查表中均需要填报；既属于旅游景区又属于宗教活动场所的对象，在旅游景区、宗教活动调查表中均需要填报。

（13）清查方案中"政府专职和企事业专职消防队伍"清查对象范围提到"不含国家综合性消防救援队伍和社会应急力量消防队伍等"，天津部分区的消防队伍全是国家综合性消防救援队伍，没有政府和企事业专职的消防队伍，那么针对这个区此项清查任务是不是不需要填报？国家综合性消防救援队伍作为最重要的消防力量不需要统计吗？还是国家层面已经统筹安排填报了？

消防救援局存有国家综合性消防救援队伍的底数，此次普查不需要调查。

（14）在哪里查看清查进度？

在采集系统—数据统计中心—数据展示中查看清查进度。

二、承灾体—公共服务设施

（1）大学校场地里面有附属小学校（该小学校不是附设教学班，在调查范围要求内），该小学校是否需要填报？小学里面的幼儿园要不要单独填报？

不管是附属小学校还是附属幼儿园，都可以单独统计；若不想单独统计，需要把相关信息加入大学校的调查表内。

（2）以前村队上的学校已荒废，学校的固定资产也都移交给村委会，但学校的名称、统一社会信用代码都未注销，像这样的学校是否还需填报？

如果学校已荒废，没有学生，可以不进行清查填报。

（3）部分村小学没有信用代码与组织机构代码（学校识别码无法代替填入），系统无法录入；公办的小学既没有统一社会信用代码也没有学校（机构）标识码的情况，怎么处理？

没有统一社会信用代码填写组织机构代码。学校（机构）标识码在学籍管理系统查询；经核实后确定没有的，填写"无"。

（4）新成立的教学指导服务中心没有标识码，教育管理部门反馈，只有注册了学生学籍的学校才设有标识码，未注册学生学籍的学校要如何查询标识码？

与教育部门核实是否为学校，如果不是学校可以不进行调查。

（5）××县 2021 年 7 月合并了多所学校，如果按 2020 年 12 月底的时间节点的数据填报清查系统，那么后期的调查工作就难以取得数据。如果按合并后的数据填报，那么后期的调查数据就会有缺项，机构编码短时间内相关部门批复不了。这种情况怎么解决？

可以先不填编码，学校按最新情况调查填报。

（6）一个大学或中专的实验室中，存放了部分危险化学品，该大学或中专是否在危险化学品企业的清查范围内？

该大学或中专不属于危险化学品企业，不在清查范围内。

（7）医疗机构中基层医疗中社区服务中心（站）是调查到哪个级别？村里的也要填报吗？

基层医疗中社区服务中心（站）需要调查，村卫生室不需要调查。

（8）医疗美容诊所、美容医院、康复医院、商业性护理站和商业性体检机构是否都符合医疗卫生机构的普查范围？

美容医院、康复医院在普查范围内。其他类型可根据规范中的指标解释和类型进行核对。

（9）某些承灾体没有备案，需不需要填报？如陈列馆没有在文旅局备案，已注册但还未通过审批的医院等。

备案的进行普查填报，其他可自选填报。

（10）青少年活动中心属于公共文化场所—文化馆的清查范围吗？

在清查范围内，青少年活动中心属于文化馆。

（11）景区里面的寺庙、烈士陵园需要单独清查吗？

景区里的寺庙、烈士陵园需要单独清查填报。

（12）两个不同的填报单位在同一栋楼上，是否都需要进行填报？例如，一栋大楼里面，既有游泳馆又有星级饭店，都填报的话，里面的占地面积会重复，各自填报是否合适？

都进行填报，后期调查时在调查表下方备注即可。

（13）一般商业院线的电影院，在公共服务文化场所—艺术表演场馆的填报范围内吗？

在填报范围内。

（14）两个景区合在一起申报了 4A 级景区，一个是古建筑群落，一个是海岸线，需要分开填报吗？

如果旅游部门认定时是按照整体认定的，就按一个对象填报。

（15）未成年救助保护中心、救助管理站与福利院在同一个地址，但是没有提供住宿，需要分开填写吗？

没有提供住宿的不在统计范围内。

（16）某五保村的房屋全部由政府建造，并在民政局登记注册为提供住宿的社会服务机构，该五保村是否符合提供住宿的社会服务机构的填报范围？

该五保村在提供住宿的社会服务机构的填报范围内。

（17）星级饭店在文旅局备案的名称与营业执照上的名称不一致（营业执照是公司，涉及饭店、娱乐场所等产业，文旅局备案的是酒店名称），需确认以哪个为标准录入，如营业执照上的名称为××管理有限公司，文旅局备案的名称为××酒店。

星级饭店名称为营业执照上的名称××管理有限公司，常用名为文旅局××酒店。

（18）宗教场所哪些属于涉密的？有没有一个界定？

以地方实际情况为准。

（19）苏宁物流规模比较大，货流量额远超 1 亿元以上，是否在亿元以上商品交易市场的调查范围内？

不在亿元以上商品交易市场的调查范围内。

三、承灾体—危险化学品企业、非煤矿山、煤矿

（1）化工园区内只有 2 个化工企业，其余 28 个都为非化工企业，还要统计吗？

化工园区内所有企业都需要统计。

（2）有一个化工园区的调查任务量，但是这个化工园区还没有认定，区域范围也确定不了，以后也不准备认定了，怎么处理？

若区域范围无法确定，且不再认定，可不按照化工园区进行

统计。

（3）化工园区内不涉及危险化学品的企业指生产企业吗？饭店、超市也调查吗？

化工园区内有实体的都需要填写企业基础信息调查表。附属的超市不单独填报，人数等合并到企业中；不附属的超市需要调查填表。

（4）自治区下达的危险化学品企业有9家，其中一家危险化学品企业自2013年起一直未生产，2015年被法院查封。这个企业还需要清查吗？

不需要。

（5）2021年6月破产注销的危险化学品企业是否需要填报？

不需要。

（6）烟花爆竹企业属于危险化学品企业吗？

烟花爆竹经营企业不属于危险化学品企业。

（7）药企属于危险化学品企业吗？

如果有安全许可或备案，需要普查；对照《危险化学品重大危险源辨识》（GB 18218—2018），构成重大危险源的，需要清查。

（8）村上有很多采油厂、采气厂是否需要进行调查？

不需要。

（9）目前系统只支持一个任务创建一个填报账号，如加油加气加氢站的资料由商务、燃气管理、应急等多部门填报，但只有一个账号，建议一类调查对象给多个部门开通填报账号。

一个调查类型可以设置多个参与部门。相同类型的参与部门的数据互通。

（10）只给船加柴油的水上加油站需要普查吗？

不需要。

（11）给飞机加油的加油站需要填报加油加气加氢站调查表吗？

不需要。

（12）加气站调查中，管道燃气特许经营企业需要普查吗？

不需要。

（13）撬装燃气供应站是否在清查范围内？

不在。

（14）企业内设的柴油加油站（没有对外营业）需要清查吗？

在普查范围内，需要清查填写。代码可以填企业的，也可以填"无"。

（15）没有商务部门批准，也没有组织机构代码，加油站存在非法运营的可能性，是否需要调查？

登记过的必须查，没登记的尽量查。

（16）长岛县永乐气体充装站属于无储存运营，相当于公司中转站之类的，需要调查吗？中石油办公楼需要按照危险化学品企业进行调查吗？有危险化学品经营许可证。

若长岛县永乐气体充装站、中石油办公楼未储存危险化学品，不需要调查；反之则需要调查。

（17）城镇燃气企业有多个燃气场站的，以企业为单位还是以场站为单位填报？比如管道燃气企业有城市门站、储配站、加气站等多个燃气场站。加气站放在加油加气站填报了，储配站、LNG 气化站需要填报吗？

以场站为单位填报。有几个地址，填几个表。管道燃气不在调查范围内；加油加气站不再填报企业的表格。

（18）加油站在两个乡镇的边界处，备案登记在 A 镇，但系统地图定位在 B 镇，在这块地本身有争议的情况下，要怎么填报？

普查区划选择 A 镇，点位定位在 B 镇，然后将"点位是否限制在区划内"按钮点击为红色后保存。

（19）什么样的排土场纳入清查范围？目前系统录入不了。

永久排土场纳入清查范围，已关联至矿山调查表中。

（20）长期停产停建状态、采矿许可证过期的矿山是否在清查范围内？

采矿许可证过期没有重新取证的不清查，只清查持有采矿许可证且在有效期内的矿山。

（21）无证尾矿库是否在清查范围内？

未销号的尾矿库都要清查，当地应急管理部门记录在册的都要清查。

（22）非煤矿山有多个独立的生产系统，一个采矿许可证对应多个安全生产许可证，如何进行系统填报？

要分开填，以安全生产许可证为准，一个采矿许可证对应多个安全生产许可证时需要在"其他"中填写持证状态和安全生产许可证编号。

（23）一个铝矿有一个采矿许可证、多个坑口，每个坑口都有安全生产许可证，每个坑口的位置坐标都不一样。这种情况怎么填报？

每个坑口分别填报，然后把安全生产许可证情况在说明栏备注。

（24）某矿山在2021年已经关闭，正在作闭坑报告，是否需要统计？

不需要。

（25）一些属于中央驻省的石油天然气开采企业，具有采矿许可证，需要普查吗？把它归到哪个小类？

石油天然气开采不在普查范围内。

（26）有采矿许可证的水浸法采盐的盐矿需要填报吗？该盐矿属于非煤矿山监管，但是开采方式上既不同于露天矿山又不同于地下矿山，后期调查阶段会无法按照矿山的调查表填写具体指标。

不需要。

（27）矿泉水公司有采矿许可证，需要填报吗？

不需要。

四、综合减灾能力

（1）政府减灾能力中的科学技术部门指哪些？

指各科技厅、科技局。

（2）在政府灾害管理能力调查表中××县气象局属于中央直属事业单位，但是表格模板中没有这项，该怎么处理？

××县气象局为县级。

（3）在涉灾部门政府减灾能力清查中，两区合并了，部门怎么填？是按原来的名称和地址填写还是按现在实际的名称和地址填写？

按照实际的名称和地址填写。

（4）某县在填报涉灾部门政府减灾能力时填报了一个科协，市级认为不在调查范围，怎么处理？

科学技术部门主要在省级，地市级、县级如果没有就不用填。如果有，除单位名称、代码的基本信息外，只填写上一年度的科技经费投入。

（5）政府和企事业专职消防队伍的清查范围有哪些？

政府和企事业专职消防队伍的清查范围是指除国家综合性消防救援队伍之外的，可以发挥救援作用的政府专职消防队、企业专职消防队。如果有些大队、总队有人员设备，可以提供救援，就需要统计。

（6）两支省级地震救援队伍主管部门分别是省军区和省武警总队，这种情况要清查吗？省人防办的应急避难场所一般用于战争时期，用途特殊，这种情况下需要统计吗？

涉密的场所不需要统计。

（7）某企业的专职消防队不是独立法人，没有统一社会信用代码证，队伍编号填不上，怎么处理？

没有编号可以填报"无"，此企业专职消防队在企事业单位专职消防队调查范围内。

（8）应急管理部门、水利部门下属的救灾物资储备中心是否在清查范围内？

在清查范围内。

（9）通化市柳河县每个乡镇街道都成立森林消防应急队伍，每支队伍20人，没有相关文件批复认可，为半专业队伍，这种情况可以作为森林消防半专业队伍清查对象吗？

取决于地方意愿。

（10）某些人防工程单个工程不涉密，但多个工程属于敏感信息，这种情况需要调查吗？

取决于地方，地方相关部门认为涉密就不调查。

（11）应急避难场所调查表中的调查范围描述为"本表适用于省、市、县应急管理（原安监、原应急办、原民政、地震）、发展改革、住房和城乡建设、自然资源（地质）、气象、人防等部门建设或认定的应急避难场所的统计调查"。那么需要县级以上认定怎么算？县级的减灾示范社区、示范村创建的小避难场所是否纳入清查范围？

应急避难场所调查表中的调查范围为县级及以上部门认定的正规的避难场所。乡镇（街道）、社区（行政村）创建的，如果部门认定了就纳入清查范围，反之不纳入。

（12）省、市、县级的保险再保险企业都需要清查吗？

市级、县级分公司不调查。

（13）地方大型工程建设民营企业（营业收入大于4亿元）使用的设备都是外包型的，这种情况纳入清查范围吗？

如果在实际救灾过程中可以调用到这些设备，就纳入清查。

（14）房地产开发、勘测设计、劳务等公司是否在大型救援装备企业的清查范围内？

重点放在救援装备上，房地产开发、勘测设计、劳务等公司，如果没有实体装备不需要调查。

（15）乡镇减灾能力调查表中，在民政部门和统计部门获取的人口数据不一致，应该以哪个为准？

需地方自行判断或以最新数据为准。

（16）某村2021年拆迁，在民政局区划中有此村，但现场已拆除，此村是否需要清查？

民政标准区划中存在的村都需要进行调查，拆迁后的村信息可以填写"0"或"无"等。

（17）社区数据乡镇（街道）区划代码无法修改吗？

社区的前9位行政代码是根据选择的乡镇级及以下区划自动填充的，不能手动修改，后3位区划代码自动识别后可进行编辑。

（18）××市区划确认有190多个村社区，2020年4月调整后变为150多个，是按之前的进行普查还是按新的进行普查？

按普查时点2020年12月31日，之后的变动不考虑。

（19）常住人口按第七次人口普查的数据填报行吗？

可以。

（20）清查总户数是指户籍数吗？规范中没有总户数的指标解释。

以公安部门户籍情况为准，家庭户+集体户。

（21）在异地扶贫搬迁中，部分人搬迁至县，同一个地方出现两个位置？两个党群办公地点、两个经纬度，这种情况清查怎么开展？清查两次过后后期调查怎么定？选取哪个位置？

两个点分别调查，名称+地址不一致就可以。

（22）从各乡镇抽取一定人在县城附近新组建了一个村，在民政部官网未查询到2020年行政区划代码或者变更情况。这种清查是否不开展？

不清查。

（23）社区（行政村）清查表户数和常住人口包含大学等高等院校中的人口吗？居委会目前不掌握学校人口信息。

因为高校会进行学校公共服务设施调查，所以社区（行政村）的清查不包含高校数据。

（24）辖区没有派出所，区内人员户籍都在区外其他地区派出所，这种情况户籍数怎么算？

这种情况不填报户籍数，有人的算户籍数，空房不算户籍数，可让乡镇街道社区填报。

第二节 调查常见问题

一、承灾体—公共服务设施

（1）空间面绘制的要求是什么？

空间面状信息采集根据责任管理边界勾画，根据遥感地图 0.8 m 分辨率，边缘精度控制在 4 m 以内误差即可，即肉眼可辨，约一个车道宽度的允许误差。不同对象空间边缘或范围可以重叠。

（2）学校调查的时候，有些有机床类的实验室有上千平方米，是否需要按面积折算成几间？或者是一个门算一间？

首先确定一下这个实验室是否用来教学，如果要纳入调查的话是一个实验室按一间来算，与面积的大小和门的个数无关。

（3）体育场馆是否属于校舍面积？

室内场馆属于校舍面积，室外运动场地不属于校舍面积。

（4）农村学校使用的是村里的公共深水井水源，然后通的管道送到学校，有的是农村安全饮水工程，这种情况是填管网供水还是填自备水源？

填报自备水源。

（5）学校调查表中在校生数有要求是"学籍学生"，但幼儿园学生没有学籍，部分幼儿园的该指标填报登记注册学生人数吗？

幼儿园登记注册即可，不能理解为教育部门认可的学籍。

（6）学校调查技术规范中，外国籍学生解释为，持外国护照在我国高等学校注册并接受学历教育或非学历教育的外国公民，也称外国留学生。规范上强调高等学校，那幼儿园、小学、初中、高中有外国籍的学生要统计吗？

需要统计。

（7）医院在职员工是否包含劳务派遣方式的，例如外包的物业、保洁、保安？

医院在职员工包含劳务派遣方式的。

（8）街镇社区卫生服务中心的分中心的数据都是算在中心里的，这样分中心还需要填报吗？如果分中心填的话，卫健委反馈除了名称、地址外的数据只能填"0"。

社区服务中心的分中心可以不统计。

（9）精神病院没有门诊，在填报的过程中区卫健委反馈他们的统计口径是年度总诊疗人次是 0，而入院人数是大于 0 的，与技术规范逻辑关系年度总诊疗人次数大于或等于入院人数存在冲突，该如何填报？

至少为等于。

（10）只有少量桌椅和管理人员的城市书屋是否需要进行调查？

自行判定，有人员聚集就统计；如果就是个铁皮屋子，基本没人去，可以不用统计。

（11）座席数指剧场、影剧院、电影院、影视城等收取票据的座席数量，其他机构如无座席填"0"。对于图书馆，座位数能算座席数吗？

算。

（12）旅游景区的游客总接待量 2020 年因为疫情很多景区都处于关门状态，如果填报 2020 年的数据可能人数很少，可能还会是 0。这种还是填报 2020 年的数据吗？

以时点为准，这是普查的全国标准，都要遵守，人数有多少就是多少。

（13）某些景区属于事业单位，政府全额拨款，没有收入，这种在企业性质和经营模式上如何选择？

企业性质为内资，经营模式为国有企业。

（14）很多景区是在海边的，没有建筑面积，可以写"0"吗？景区申报面积的话，因为涉及海域，无法给确定值，按照海边区域给个大概值可以吗？

可以。

（15）某区二手车商品交易市场管理者仅有劳务业务收入（手续费、摊位费等收入），不包括市场内的交易金额，并且市场内实际交易金额无法获取，如何填写"主营业务收入"？

根据掌握的统计，统计租金就可以了。

（16）空调算不算供暖设施？

不算，选择其他，并解释说明。

（17）公共服务设施中各表最后一项"已有自然灾害应急预案类型"，填报其他类型自然灾害应急预案，备注填写"应急物资应急预案"和"自然灾害应急预案"可以吗？

可以。

（18）县域基础指标统计表中居民人均可支配收入这一项，2017—2021 年的数据都没有，这种情况怎么处理？

向上找，比如用市级或省级的人均可支配收入代替。

（19）县域基础指标统计表中大牲畜数量指标填写存栏数还是出栏数？

建议用出栏数。

（20）县域基础指标统计表中代码 11 农村居民可支配收入系统设置为关键指标，填报"－9999""0"均无法保存，珠海市香洲区均为城镇居民，没有农村居民，国家要求不能等于零，现无法填报农村居民可支配收入数据。

可以在统计年鉴查一下，没有农村居民的，填报城镇居民数据。

（21）县域基础指标统计表中电话普及率（包括移动电话），经与区网信办联系，网信办不掌握该数据。随后网信办联系运营商，获取到了三大运营商各自的电话普及率，三个都不一样，取哪个？

可填报统计年鉴内的结果，如果找不到，可以取三大运营商加和，普及率可以大于 1。

（22）县域基础指标统计表中全社会固定资产投资总额，地方反映统计局认为涉密，如何填写？

可以在统计年鉴查找，统计年鉴公开的 2020 年鉴资料实际是 2019 年数据，如果 2020 年的没有，可以向前查 2019 年的，以此类推。如果没有就填最近有的那年。

（23）很多企业既有矿山又有尾矿库，财务报表是做在一起的，没有办法把固定资产净值分开统计，如何填报？能否备注说明。

固定资产净值不用拆开，备注就可以。

（24）延安市洛川县耕地种植主要以种植苹果树为主，苹果可以归为农作物吗？

可以。农作物指农业上栽培的各种植物，包括粮食作物、经济作物（油料作物、蔬菜作物、花、草、树木）两大类。

（25）县域统计表中小麦、玉米单位面积产量指标的单位是什么？

单位是公斤/公顷，系统已经更新。

（26）乡（镇）基础指标统计表中城镇居民人均可支配收入和农村居民人均可支配收入，是指常住居民人均可支配收入吗？

指常住居民人均可支配收入。

二、承灾体—危险化学品企业、非煤矿山、煤矿

（1）化工园区内的规划在建危险化学品企业还没有开工建设，正在履行前期手续，已有可研和预评报告，重大危险源辨识情况按预评中的辨识情况选择，还是选择"无"？

按预评价选择。

（2）暂时没有化工园区规划文本，要到 10 月中旬才能作出来，这种情况能不能先在系统里提交说明？

可以写说明进行提交。

（3）化工园区正在建设中，只有规划图纸，还没有风险评估报告，该报告还需要几年才能出来，如果不上传就无法提交，该如何处理？

可以写说明进行提交。

（4）化工园区内企业有的已经停产或者破产，但是未注销，相关信息园区无法找到人填报，这种是不是可以不调查？

一般停产备案或者已注销的，不需要调查；如果这个企业已经向应急管理部门报备停产的话，也可以不调查。

（5）化工园区内有的企业没有安全评价报告如何处理？

生产、仓储经营、使用危险化学品的化工企业，是发安全许可证的企业，必须作安全评价报告，使用构成重大危险源的非化工企业，

可以提供重大危险源报告。

（6）园区内非危险化学品企业无安全评价报告如何上传？

企业类型选择选项5使用危险化学品从事生产经营的非化工企业和选项6其他的时候，只需上传平面图，无须上传安全评价报告。

（7）央企（危险化学品企业）归谁调查？地方反映没有管辖权。

如果该企业在园区里面，就由园区管委会调查，或者由县级应急管理部门调查。如果不在园区里面，由相关监管的部门来调查，例如，如果市级部门进行日常监管，就由市级部门来调查；如果县级部门进行日常监管，就由县级部门来调查。

（8）化工园区内超市没有平面图相关资料，也没有相关部门备案资料，可以有其他方式吗？

调查园区内不正规超市时，可以手绘总图，拍照扫描上传。

（9）加油加气站调查表里面填表说明对填报指标有明确依据：《汽车加油加气站设计和施工规范》（GB 50156—2010），这类站的服务对象是机动车吗？

加油加气加氢站的服务对象是机动车。

（10）某煤矿停产多年，采矿许可证未注销，但实际处于无人管辖状态。可采原煤量、剥离量等部分数据无法获取或者获取数据不准确，这种情况怎么处理？

按照掌握的数据填报即可。

（11）矿种是铀矿的地下矿山，在系统中无法选择对应的矿种，该如何填报？

铀矿属于能源矿产。

（12）基建期的地下矿山，井口数量填报已建成的信息，还是按照设计信息填写？

按照设计信息填写。

（13）煤矿的面状信息如何绘制，是绘制采矿许可证圈定的范围，还是按照设计开采范围，将地面工业场地也圈进去？

按采矿许可证给定的井田拐点坐标标注井田范围。

三、综合减灾能力

（1）政府减灾资源能力调查表 A01 中上一年度科学技术支出，省科技厅的填写是否包含市级、县级数据？调查表中提到的功能科目代码是什么意思？

省科技厅的填写不包含市级、县级数据。功能科目代码是财政预算的编码，可咨询部门财政部，单位的财务、会计进行填报。

（2）政府减灾能力附表 A10 地质灾害监测和工程防治调查表中指标 02（辖区内开展工程治理的崩塌、滑坡、泥石流灾害数量），是统计 2020 年度的还是 2020 年 12 月 31 日前的，后者的话很难统计。

统计截止到 2020 年底之前的数量，也就是后者。

（3）政府灾害管理能力调查表中灾害管理人员总数是否包含劳务派遣和借调人员？

劳务派遣人员不算，借调人员可以算。

（4）政府灾害管理能力调查表中的指标 30、31，是否各部门不用填，全由应急管理部门填写？不涉及此类支出的部门填"0"还是"无"还是空着不填？

自然灾害防治支出（30）、自然灾害救助及恢复重建支出（31）由应急管理部门填写，不涉及此类支出的部门空着即可。

（5）政府灾害管理能力调查表中指标 06，农业局、交通局、科技局选择综合减灾可以吗？还是选择其他？

选择其他即可。另外，对于科技局等，除单位基本概况外，只要填写科技支出（指标 24）即可，其他栏目可以不填。

（6）在填报政府灾害管理能力调查表时，××区自然规划局分局属于事业单位，无下设事业单位，只有 3 个科室，其中一个科室属于防灾减灾科。这种自然规划局分局填减灾能力调查表时，其直属涉灾事业单位和灾害管理人员总数填写"0"吗？

直属涉灾事业单位可以填"0"，直属涉灾事业单位灾害管理人员总数填报本级部门及直属事业单位的灾害管理人员。

（7）资金投入是指本级的投入资金还是包含上级部门转移支付的部分？是不是经过部门财政拨款的就算？

政府资金投入按照年度决算表填写。

（8）航空护林站队伍与装备调查表中地方专业消防人员主要包括哪些人员？

指在护林站中的消防人员。

（9）航空护林站队伍与装备调查表中野外停机坪的范围是哪些，机油库里的停机坪算不算？

野外停机坪面积可以包括机油库里的停机坪面积。

（10）2020年因为疫情启用应急避难场所作为核酸检测及临时隔离区的，这种算启用了应急避难场所吗？

应急避难场所可以用于公共卫生事件，所以算启用。

（11）应急避难场所调查表第23项指标建设标准，规范里指标解释是为填写应急避难场所建设、安全设施配置所采用的标准。这个是填标准还是填实际建设的内容？

填写具体的标准名称；如果不知道标准名称，就填写部门的标准。

（12）关于应急避难场所的"按避难时长设计分类"，避难时长具体是怎么算的？有的场所只写1天，有的写15天

设计时长有相应的国家标准《地震应急避难场所　场址及配套设施》（GB 21734—2008）；如果不按照该国家标准，地方可以根据是否能提供应急棚宿区、应急生活设施提供信息，根据地方实际情况填写即可。

（13）地质灾害监测和工程防治调查表中省、市、县各级投入的防治专项经费是否都纳入？

各级投入都纳入。

（14）大型企业救援装备和专职救援队伍调查表是只需要省级填报吗？

大型企业救援装备和专职救援队伍调查表填报范围为中央、省级

大型企业，中型企业可自选。可由省级协调数据，在县级账号录入。

（15）大型企业救援装备生产企业调查表中要填写大型机械化设备数量，这个数量是指企业自有的设备还是说包含生产出的设备。例如山西重机这种生产企业的大型挖掘机设备是生产后都卖出去了，本身是没有这些机械设备的。

大型企业救援装备生产企业调查表中要填写大型机械化设备数量，这个数量是指企业自有的设备（包含生产出的设备）。如果觉得产能和库存是动态的不好确定的话可以选取普查时点（2020 年 12 月 31 日）的数据，如果这个时间的数据获取有困难，就以填表时间的数量为准。

（16）大型企业的设备都是租用的其他公司的设备，这类大型设备数量如何填报？并且该企业没有专职救援队伍，都是管理人员在出现灾情时兼职救援，专职救援队伍该如何填报？写"0"可以吗？

设备租用期超过半年填写数量；无专职救援队伍，可以写"0"。

（17）关于保险和再保险企业减灾能力调查表的填报，其中指标 2 资本公积金和偿付能力充足率只有总公司有合并的数据，分公司不是独立的法人，没有单独的数据，这两个数据怎么填报？

能分开填报就分开填报，分不开就填报"−9999"。

（18）保险再保险企业调查表格中第九项承保责任范围的指标解释是包括意外事故、自然灾害、法定责任，那这个法定责任是指什么？

法定责任是依法应该承担的赔偿责任。

（19）保险再保险企业调查表格中指标解释中说财产险种类包含农险，但是表格中第三大项保险参与应急救灾情况中又把农险和财产险分开了，填报的时候财产险支出统计时要把农险加进去吗？

财产险和农险应该分开统计。

（20）保险企业调查表的各项指标都是与灾害有关的吗？比如，赔付率也是只计算和灾害有关或由灾普引起的次生灾害相关的吗？

赔付率是指一定会计期间赔款支出与保费收入的百分比。这里指的是上年度赔款支出的全险种的赔款支出和财产险类产品的赔款支出，不严格区分出灾害成因的赔款。

（21）保险再保险企业调查表格中经营范围中灾害保险产品数量，是按大的险种算，还是按小的险种算？

"经营范围中灾害保险产品数量"指标解释为按险种统计，寿险公司是按普通寿险、分红险、投连险、万能险、意外险、健康险等6类，财险公司按企财险、家财险、车险、工程险、责任险、信用险、保证险、船舶险、货运险、特殊险、农险、健康险、意外险、其他等14类。按保险监管统计口径确定的险种种类，按自然灾害保险责任来计算灾害保险产品数量。

（22）乡镇（街道）减灾能力调查中本级储备点储备的救灾物资，编织袋算不算，如果算数量是按只算还是按套算，如果按只算的话数量快过3万只了。还有按公斤和米作为计量单位的电线等需要统计吗？

编织袋不算，但如果是防洪沙袋就算；电线不进行统计。

（23）社会组织减灾能力调查表里"训练场地面积"，很多社会组织的训练场地都是临时找的场地或者就在办公场地前的马路上，不是自有和长期租用的，如何填写？

可以填"0"，系统中允许填"0"。

（24）行政村表格中是否有本辖区地质灾害等隐患点清单、是否有社区（行政村）灾害类地图、是否有社区（行政村）应急预案。清单在镇里或者主管行业部门，社区（行政区）未存档，可以算吗？

显示为××村地质灾害等隐患点清单、××社区的灾害类图、××村应急预案等就算。

（25）行政村减灾能力调查表中上一年度防灾减灾救灾资金投入总金额指标，2020年发生的救灾款2021年才到位，计算入2020年投入总金额吗？

救灾款也是指2020年支出的。如果2020年的救灾款2021年到位，统计2019年的救灾款就行。

（26）社区调查表中灾害信息员是到填到村居级，还是包含下面的村居民小组级别？

包含下面的村居民小组级别，社区（行政村）中只要从事灾害信息收集、传递、整理、分析、评估等工作的就算。

（27）18~45岁的男性都算是民兵预备役吗？还是经过备案或者登记的才算？

很多社区和村里都是有记录的；如果没有，就应该是本社区、本村没有该指标数据，填"0"就可以。一般情况下，资料在武装部。

（28）家庭减灾能力调查中家庭减灾能力花名册，是指常住户数还是户籍数？

指常住户数。

（29）家庭减灾能力调查中学生如果住校，是否算本家庭成员？

如果学生住校的地方没有出本县（区），可以算家庭内成员；如果长期不在本县（区），可以不算本家庭内成员。

（30）单位给职工缴纳的五险一金，属于家庭减灾能力中的家庭购买的医疗保险吗？

属于。

（31）家庭收入和收入来源是只调查家庭常住人口的还是整个家庭的？例如，家庭常住人口只有老人、小孩，其他人全在外地打工，家庭收入该怎么统计？

填报常住人口的。

四、历史灾害

（1）历史灾害有系统预置数据，但未找到相关佐证资料，系统填"-9999"无法审核，是否按照国家预置数据填写？是否需要填写说明？

国家预置数据是从现行业务系统中导出并经过整理的，所有数据均来源于转隶前的省民政厅上报的数据，因此不需要再找佐证材料。如果能以此为基础进行补充完善，可对预置数据部分指标进行调整修改；如果找不到更多资料，可以以预置数据为准。

（2）2009 年之后国家预置数据全部为"0"的情况，选择受灾还是未受灾？

国家预置数据中，如果某地区某灾种的指标全部为"0"，意味着该年该地区未遭受此种灾害。比如，某年该地区未遭受地震灾害影响，但从历史看该地区是地震灾害可能发生区域。

（3）年度历史灾害中受灾人口要求大于 0，但是找不到资料，也不能填"-9999"，这种情况怎么处理？

为区分未受灾、受灾无资料等不同情况，填报系统中增加了"-9999"的选择标记，为的是标明该年该区域遭受了某种灾害但个别指标无法找到资料的情况，这与因未受灾而选择指标填"0"含义完全不同。

（4）如果选择受灾有资料，经济损失要大于 0，找不到资料的话，也填不了"-9999"，因为国家预置的是"0"，这种情况怎么处理？

如果国家预置数据中某一年份、某一区域、某一灾种的指标全部为"0"，意味着该年该区域未遭受该种灾害影响。选择"-9999"的标记则是该年该区域遭受了此种灾害影响，但个别指标找不到资料。要准确理解"0"与"-9999"的含义。

（5）没有 GDP，只有农业生产总值，不能填"-9999"，这种情况怎么处理？

有两种处理方式：其一是在该年的 GDP 中填写"0"，同时上传说明文件，说明不能填报数据的原因（区划变更情况、工作基础情况等）；其二是该年的 GDP 中填写农业生产总值，同时上传说明材料，说明原因参照第一种情况。

（6）历史灾害有部分年份缺少当年播种面积，但是填"-9999"无法通过，这种情况怎么处理？

在该年的播种面积中填写"0"，同时上传说明文件，说明不能填报数据的原因（区划变更情况、工作基础情况等）。

第三节 质控常见问题

（1）教室用房面积，根据规范定义不能算教学楼的办公室等行政用房面积。但实际学校的资料一般给出的是整个教学楼的面积。教室用房面积在纸质材料中没有，需要实地测量。核查以哪个资料为准或优先？

结合教室数进行计算，核查时可说明情况。

（2）市级抽查是系统抽查还是自选抽查？

市级抽查为系统抽取。

（3）市级行业部门审核完，统一质检四五遍后点击抽样吗？

质检没有次数要求，市级质检通过后，点击抽样核查即可。

（4）前期试点区县参与质检核查抽样吗？

参与。

（5）核查抽样试了一次，怎么设置重新开启？

核查抽样只能抽取一次，无法重新抽取。

（6）系统抽样出现问题，比如历史灾害抽样不足10%，可以重新抽取吗？

不能。因为有100个样本限制，抽样不足10%，属于正常现象。

（7）市级核查抽样中县级未抽到的90%数据，核查期间可以修改吗？或核查完可以修改吗？

核查期间不可以，核查完成后可以驳回修改。

（8）市级核查抽样中，很多小类不足10个调查对象，未按要求至少抽取1条来抽取，是否存在影响？每一县级单位和每一调查小类，按照10%的比例抽取，县级单元是不是全覆盖？

抽样按照市级全覆盖，县级类型未覆盖属于正常的，没有影响。

（9）市级核查数据1000个以上的包含历史自然灾害吗？

包含。

（10）抽样数量下限100个，是按每个县级所有调查对象的总数抽样，还是按单类调查对象的总数抽样？

按每个县级所有调查对象的总数抽样。

（11）抽样数量 100 是上限还是下限？

是下限，如果县级总量大于 1000 个，至少核查 100 个。

（12）对于市级，一个区县核查差错率大于 5% 时，重新抽样，其他符合的县（区）也要重新核查吗？

差错率计算的是整个市级调查成果质量。核查差错率大于 5% 时，市级整体重新抽样核查。

（13）核查标错比例超过 5%，但是系统还是显示通过了，这是什么情况？

差错率 5%，是指核查完成最终结果，不是针对每一张调查表。

（14）如果核查差错率大于 5%，下一次市级抽样比例会增加吗？不会。

（15）全市共有 10 个县（区），如果一个县（区）差错率大于 5%，全市差错率不超过 5%，是要全市驳回吗？

市级核查差错率小于 5%，即为通过，可以只驳回错误的数据类型；也可以全市驳回进行修改，根据实际情况进行错误修改即可。

（16）核查的时候县（区）准备的资料必须是纸质的吗？电子的可以吗？

可以，根据实际情况，资料真实有效就可以。

（17）核查报告是系统出吗？

是的，核查完成自动生成差错率和报告。报告是 Word 版，有些内容需要编辑。

（18）市级核查中核查工作组出具整改意见，这个整改意见是整体出一份还是针对每个县出单独的整改意见？整体出一份，怎么保证每个县的差错率低于 5%？怎么对单县提出整改意见？

市级整体出具一份核查报告，除正文内容外带有 3 个附件（见应急管理系统调查成果质检核查方案）。附件 2 为各县应急管理系统调查成果整体评价表（此表有几个县出几个表）。生成 Word 版工作报告，第 5 项为整改建议，主要问题和整改建议可根据核查情况自行编辑。

（19）核查错误数据是逐条驳回还是整体驳回？

按类型、县（区）驳回，不可以逐条驳回。

图书在版编目（CIP）数据

调查总论 / 国务院第一次全国自然灾害综合风险普查
领导小组办公室编著 . -- 北京：应急管理出版社，2022
第一次全国自然灾害综合风险普查培训教材
ISBN 978-7-5020-9106-4

Ⅰ.①调… Ⅱ.①国… Ⅲ.①自然灾害—调查工作—
中国—技术培训—教材 Ⅳ.①X432

中国版本图书馆 CIP 数据核字（2021）第 263252 号

调查总论（第一次全国自然灾害综合风险普查培训教材）

编　　著	国务院第一次全国自然灾害综合风险普查领导小组办公室
责任编辑	孔　晶　赵　冰
责任校对	孔青青
封面设计	罗针盘

出版发行	应急管理出版社（北京市朝阳区芍药居 35 号　100029）
电　　话	010-84657898（总编室）　010-84657880（读者服务部）
网　　址	www.cciph.com.cn
印　　刷	北京盛通印刷股份有限公司
经　　销	全国新华书店

开　　本	710mm×1000mm$^1/_{16}$	印张　$8^1/_4$	字数　104 千字
版　　次	2022 年 10 月第 1 版　2022 年 10 月第 1 次印刷
社内编号	20211500		定价　32.00 元